国家林业和草原局普通高等教育“十三五”规划实践教材

城乡规划专业
综合实习教程

徐丽华　吴亚琪　张仁桥　编著

中国林業出版社

·北 京·

内容简介

本教材从城乡规划实践教学实习的角度，结合城乡规划原理、土地利用规划、城乡生态环境规划、乡村地理学、城市地理学、居住区规划等课程的知识点，从城乡与区域发展领域、城乡规划空间领域、城乡专项规划领域等较为全面、系统和综合地阐述了区域分析、城镇体系规划、生态环境规划、土地利用规划、城市总体规划、控制性详细规划、居住区规划、滨水景观规划、乡村规划等教学实习领域的基本内容、基本技能和基本要求。

本教材基于实践，立足应用，图文并茂，强调系统性、实用性、易读性，以深入浅出地帮助学生融会贯通，提高城乡规划理论和实践相结合的能力。

本教材可作为高等院校城乡规划、人文地理与城乡规划、城市管理、建筑学专业以及相关专业的教学实习用书，也可作为规划管理人员与设计人员的参考用书。

图书在版编目(CIP)数据

城乡规划专业综合实习教程 / 徐丽华，吴亚琪，张仁桥编著. —北京：中国林业出版社，2020.4(2021.4 重印)

国家林业和草原局普通高等教育“十三五”规划实践教材

ISBN 978-7-5219-0455-0

Ⅰ.①城…　Ⅱ.①徐…　②吴…　③张…　Ⅲ.①城乡规划-高等学校-教材　Ⅳ.①TU984

中国版本图书馆 CIP 数据核字(2020)第 019606 号

中国林业出版社·教育分社

策划编辑：康红梅　　**责任编辑**：康红梅　田　娟

电话：(010)83143551　83143634　　**传真**：(010)83143516

出版发行　中国林业出版社(100009　北京市西城区德内大街刘海胡同 7 号)

E-mail：jiaocaipublic@163.com　　电话：(010)83143500

http://www.forestry.gov.cn/lycb.html

经　销　新华书店
印　刷　北京中科印刷有限公司
版　次　2020 年 4 月第 1 版
印　次　2021 年 4 月第 2 次印刷
开　本　787mm×1092mm　1/16
印　张　10
字　数　235 千字
定　价　46.00 元

前　言

目前从事城乡规划设计与管理的本科生主要为两个专业：一为“城乡规划学”(城市规划)，二为“人文地理与城乡规划”(上一版专业名称为资源环境与城乡规划管理)。其中，城乡规划学是教育部2011年新增的一级学科，自此，城乡规划专业教育成为支撑城乡建设事业人才技术的重要保障，是我国城镇化健康发展和城乡和谐统一的重要支撑性工作。“人文地理与城乡规划”是2011年教育部对本科生专业调整后新增的专业，由原来的“资源环境与城乡规划管理”专业拆分而来(拆分的另一个专业名称为“自然地理与资源环境”)。拆分后，该专业更加注重的是城乡规划的设计、人文事项的空间区划内容，弱化了城乡规划管理与自然资源区划的内容。由此可见，城乡规划的教学内容重点已经逐步转移到对区域、地块的规划设计方法及技巧的传授。在这个过程中，实践教学的内容显得更为重要，它作为理论课程与内容的落地掌握，是城乡规划知识点的升华，是学生对城乡规划知识的具体化理解，不仅是实践教学的课程要求，也是人才培养方案的重要内容，更是人才培养质量的保障。

2018年国家机构改革，组建了“自然资源部”，住建部的规划部门与国土资源部均合并入自然资源部，原住建部城乡规划管理等职责划转自然资源部。2019年5月8日，自然资源部部长陆昊主持召开研讨会，明确以后规划名称为“国土空间规划”。关于国土空间规划的内容，目前尚未厘清，各路专家仍在进行探讨式研究。如“厘清空间规划体系、国土空间用途管制和自然资源监管体制三者之间的关系”，陆昊表示，要建立不同层级能够全覆盖的国土空间划分体系(如城镇建设用地、生态区、农业区等)，各个分类之间是一级并列的，不能有大规模交叉。合理划分之后在相应层级、相应分区类型中建立规划体系和管控细则。自然资源部将从逻辑、法理、技术方面进行探索，尤其要搞清楚农业区和生态区的关系。由于这是一块尚不成熟的内容，因此本书暂不对此进行介绍，实习内容也不包含该部分内容，实习仍然按照传统的城市规划、乡村规划、土地规划内容展开。

本教材涉及内容包括区域规划、城市总体规划、城市详细规划、村庄规划、生态环境规划等城乡规划的核心内容，从规划的理论知识点入手，结合各类资料调查、问题分析、规划空间结构与理念提出，以真实的区域，在《中华人民共和国城乡规划法》的指导下，锻炼学生调查、获取数据、分析问题、总结、提出对策措施、规划制图等的综合实践能力。

首先，实践教学多为课外实习、室内内业制图和数据分析，是高校教学过程中的一个重要环节，是课堂学习环节的补充和检验，是学生在校学习期间理论联系实际、获取直接知识、巩固所学理论不可缺少的重要手段和方法之一。不仅是对学生理论联系实际、获取实践知识和能力的锻炼，更是增加学生获得素质教育的机会。实习过程中，学生在规划专业技术人员和指导教师的帮助下，将所学知识和实习内容互相验证，并对一些实践问题加以分析和讨论，使学生对城乡统筹问题和规划问题获得一个直观和感性的认识；通过实地了解规划的完整过程与管理方式，学习最基本的规划调查和城乡规划编制办法，使学生加深对城乡建设与规划的理解，并能初步掌握城市(镇)规划、居住小区规划、村庄规划等的前期调研范围、深度、结果整理及其各类规划的编制。

其次，有利于构建合理的人才培养方案。实践教学是人才培养方案以及专业教学计划中的重要组成部分，众所周知，“课程实验、课程设计、认知实习、毕业实习与设计”的实践教学体系，是人才培养方案中的重要环节，多数也是必修环节。作为一个专业的实践教学体系也需要完整、系统的规划与布局，使得各综合实习、课程实习、课程设计等内容需要一个专门的指导来统筹各实习环节，因此，系统的实践教学体系，对于专业人才培养至关重要，是课堂教学的延续，也是让学生掌握调研、分析、绘图等技能的一个相对独立的教学环节。本教材希望针对实习区域从宏观到微观、实习内容从认知到设计等方面的逐步深入，使得实践课程体系趋于完整、合理，成为人才培养方案的重要内容。

本教材涉及的实习、实践范围广泛，可以为人文地理与城乡规划、城乡规划(城市规划)、自然地理与资源环境、环境规划、土地资源管理等专业的学生提供实践教学的指导，也可为其他相关专业提供“城市规划原理”“区域分析与规划”“人文地理学”“城市总体规划”“城市详细规划”“居住区规划”“生态环境规划”“小城镇规划”“土地利用规划”等课程的实习指导。

编　者

2019 年 10 月

目 录

下篇　实践篇

上篇　理论篇

第一章　城乡规划实习的主要内容和方法

第一节　相关概念阐述

一、"人居环境科学"内涵

我国早期城市规划营造思想可追溯至春秋战国时期(赵万民等，2010)。经过2000多年的发展，形成以中国为特色的东方城乡规划理论体系和历史发展脉络，对世界产生了深远的影响。世界现代城市规划始于19世纪的工业革命，经过100多年的发展，已在缓解区域与城乡尖锐对立的社会矛盾，引导城乡经济建设与发展，维护生态与环境等方面显示出无可替代的社会经济价值。现代城乡规划学科是在借鉴相关学科理论基础上逐渐形成与发展起来的。现代城乡规划学科开拓者霍华德倡导的"花园城市"、格迪斯的"人与自然融合"、芒福德的"区域整体协调"等思想，极大地推动、深化和提升了现代城乡规划的理论思想，并在解决工业革命所造成的"城市病"方面发挥着重要的理论与实践作用。正是这些相关交叉学科的渗透和理论拓展，使得现代城市规划学科诞生。自20世纪中叶，以城市问题为导向的研究成为国际政界和科学界共同关注的焦点，社会、经济、政治、生态环境等交叉学科理论与思想大量涌入城市规划领域，促成了城市问题和城市发展研究的繁荣，并出现了诸如城市社会学、城市经济学、城市生态学、城市地理学、城市管理学等交叉学科。这些新兴学科的诞生促进了城乡规划学科研究领域与范畴的不断延伸和拓展(住房和城乡建设部人事司，2010)。

在20世纪末(1999年)国际建筑师协会(UIA)召开的世界建筑师大会上，中国清华大学吴良镛教授撰写了大会的主题报告，提出"人居环境科学"的思想。吴良镛教授用东方融贯综合的哲学观念，论述"人与生存环境"的关系，提出建筑学、城乡规划和风景园林的综合目标是为人类生活营建理想的聚居环境。吴良镛教授"人居环境科学"思想在国际和国内得到普遍的认同和响应。人居环境科学是一门综合性学科群。它以包括乡村、集镇、城市等在内的所有人类聚居环境为研究对象，着重研究人与坏境之间的相互关系，并强调把人类聚居作为一个整体，从政治、社会、文化、技术等各个方面，全面地、系统地、综合地加以研究(吴良镛，1997)。

二、城乡规划内涵

规划是对某一件事物进行长期有目的的谋划。根据吴良镛关于"人居环境科学"的构架，城乡规划是指对一定时期内城乡的经济和社会发展、土地利用、空间布局以及各项建设的综合部署、具体安排和实施管理(吴志强，2010)。从城乡规划研究基础

而言，主要包括以下4个方面的基础性内容：第一，规划作为公共的和政治的决策，是确定未来发展目标及其实施方案的理性过程；第二，综合性空间规划是经济、社会、环境和形态的协调发展；第三，规划既是科学又是艺术，但在理论上和方法上更为注重科学；第四，规划受到价值观念的影响(赵万民等，2010)。从学科(城乡规划一级学科)构建而言，是以城乡建成环境为研究对象，以城乡土地利用和城市物质空间规划为学科的核心，结合城乡发展政策、城乡规划理论、城乡建设管理等社会性问题所形成的综合研究内容。研究对象应包括：对城乡规划区域发展、社会经济宏观层面的研究；对城乡规划设计理论、方法和技术问题研究；对城乡规划的管理、法规、政策体系等层面的研究。从法律层次内容来讲，城乡规划是各级政府统筹安排城乡发展建设空间布局，保护生态和自然环境，合理利用自然资源，维护社会公正与公平的重要依据，具有重要公共政策的属性；既是科学建设和管理城乡的重要依据，又是实现经济社会可持续发展、构建和谐社会的重要保证和内容。根据《中华人民共和国城乡规划法》[下文简称《城乡规划法》]，城乡规划是以促进城乡经济社会全面协调可持续发展为根本任务、促进土地科学使用为基础、促进人居环境根本改善为目的，涵盖城乡居民点的空间布局规划。从规划体系和规划内容而言，城乡规划体系包括城镇体系规划、城市规划、镇规划、乡规划和村庄规划；城市规划、镇规划分为总体规划和详细规划；详细规划分为控制性详细规划和修建性详细规划。

综上所述，城乡规划是一个综合的、系统的规划，是协调城市(镇)与村庄发展的空间布局规划，其目的是构建人居和谐、城乡一体化的居住空间、生产空间、休闲空间等城乡社会空间综合体。

三、城乡规划体系

根据《中华人民共和国城乡规划法》，城乡规划体系是由全国城镇体系规划、省域城镇体系规划、城市规划、镇规划、乡和村庄规划等不同区域层次规划组成的一个相对独立的完整的规划体系(图1-1)。而城市规划和镇规划又分为总体规划和详细规划；详细规划分为控制性详细规划和修建性详细规划两类。我国从2008年开始施行《城乡规划法》，我国的城乡规划体系包括三方面的内容：城乡规划法律法规体系，城乡规划行政体系和城乡规划工作体系。城乡规划法规体系包括主干法及其从属法规、专项法和相关法，是城乡规划体系的核心，为城乡规划行政体系和城乡规划工作体系提供法定依据和基本程序。主干法指城市规划法，主要内容是有关规划行政，规划编制和开发控制的法律条款，但需要从属法规对规划法的实施条款进行阐明。专项法是针对规划法中某些特定议题的立法，旨在为规划行政、规划编制和开发控制等方面的特殊措施提供依据。相关法是因城市物质和环境需要进行的立法。城乡规划行政体系包括城乡规划行政的纵向体系和城乡规划行政的横向体系，是对城市规划行政管理权限的分配。城市规划行政体系不仅是城市规划行政主管部门之间的相互联系，同时也是各级城市规划行政主管部门与各级政府以及其他部门之间的联系。城乡规划工作体系由城乡规划编制体系和城乡规划实施管理体系构成(吴志强等，2010)。

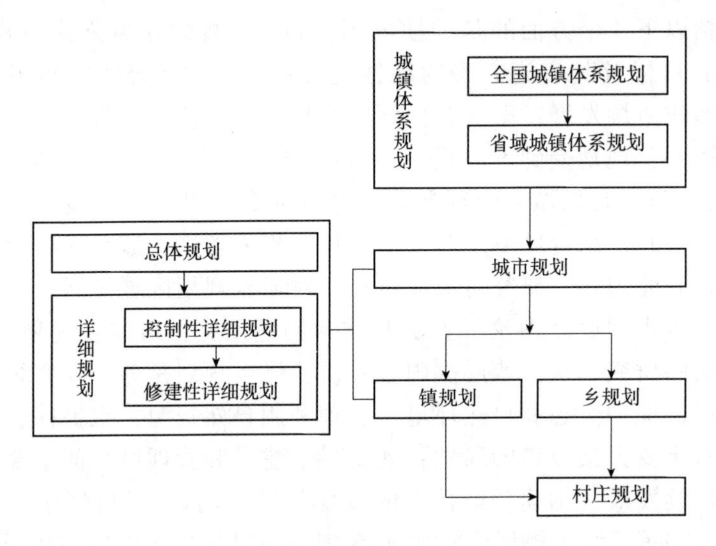

图 1-1 城乡规划体系

第二节 实习涉及规划的主要内容

一、区域综合规划

关于区域，彭震伟(1998)曾有过这样的定义：区域是指某一特定空间范围和某一时间序列所存在的客观实体，从宏观层面上指宇宙、星系、星系簇、星球等；从微观层面上指每一微小的地形、地貌区；从行政区而言，包括国家、省、市、地、州、县、乡、村以及它们的联合体等。从我国的国情出发，区域是从行政角度而言，区域一般有四个明显的特征：即地理位置固定，地区空间稳定，区域内部具有同一性与相似性，区域具有一定的系统性与层次性。而综合指的是综合性，是区域内各方面因素的综合，包括区域内自然资源和自然地理因素、经济因素、区位因素、人文因素等。

区域综合规划是国民经济发展规划的一个重要组成部分。它的主要内容包括区域的综合经济规划，以及与之有关的人口、教育、资源利用、环境保护、科学技术发展等方面的规划和相应的各种经济指标，如发展速度、各种重要的比例关系、生产发展规模、产值和国民收入的年增长率等。在此基础上制定各经济部门固定资产投资额、劳动力需求人数、城镇发展布局、地区财政收支和对外贸易的发展水平等有关规划(崔功豪等，2006)。总而言之，区域综合规划是指在一定地域内考虑区域内各种因素，结合社会经济条件、自然状况对该区域内的经济建设和土地利用规划进行合理的长期的有目的的谋划部署。

制定区域综合规划必须考虑以下原则：①根据区域特点，既要满足总体要求，又能扬长避短，发挥地区优势。②力求区域内各有关部门和重要企业的布局合理，既考虑原料、能源和交通运输等的制约条件，又按照有利生产、方便生活和保护环境的要求，适当地确定城镇规模，防止工业的过分集中或分散。③使农业、轻工业和重工业的比例协调一致，在充分利用区域内的人力、物力和财力等资源的前提下，力求区域发展的结构合理。区域

综合规划有近期(5年以内)、中期(5~15年)、长期(15~50年)之分。在进行系统分析时要建立评价指标体系，应用预测技术对各种备选方案进行可行性分析，使规划工作立足于当前，又能面向未来。最终目标是满足整个国民经济对该区域的要求和尽快地提高本区域人民的生活和文化水平。

二、城市总体规划

城市总体规划是对一定时期内城市性质、发展目标、发展规模、土地利用、空间布局以及各项建设的综合部署和实施管理，是城市工作体系中最高层次的规划，是城市规划综合性、整体性、政策性和法制性的集中体现。

城市总体规划内容包括市域城镇体系规划和中心城区规划(吴志强等，2010)。

1. 市域城镇体系规划的内容

①提出市域城乡统筹的发展战略。其中，位于人口、经济、建设高度聚集的城镇密集地区的中心城市，应当根据需要，提出与相邻行政区域在空间发展布局、重大基础设施和公共服务设施建设、生态环境保护、城乡统筹发展等方面进行协调的建议。

②确定生态环境、土地和水资源、能源、自然和历史文化遗产等方面的保护与利用的综合目标和要求，提出空间管制原则和措施。

③预测市域总人口及城镇化水平，确定各城镇人口规模、职能分工、空间布局和建设标准。

④提出重点城镇的发展定位、用地规模和建设用地控制范围。

⑤确定市域交通发展策略；原则确定市域交通、通信、能源、供水、排水、防洪、垃圾处理等重大基础设施，重要社会服务设施，危险品生产储存设施的布局。

⑥根据城市建设、发展和资源管理的需要划定城市规划区。城市规划区的范围应当位于城市的行政管辖范围内。

⑦提出实施规划的措施和有关建议。

2. 中心城区规划的内容

①分析确定城市性质、职能和发展目标。

②预测城市人口规模。

③划定禁建区、限建区、适建区和已建区，并制定空间管制措施。

④确定村镇发展与控制的原则和措施；确定需要发展、限制发展和不再保留的村庄，提出村镇建设控制标准。

⑤安排建设用地、农业用地、生态用地和其他用地。

⑥研究中心城区空间增长边界，确定建设用地的规模，划定建设用地的范围。

⑦确定建设用地的空间布局，提出土地使用强度管制区划和相应的控制指标(建筑密度、建筑高度、容积率、人口容量等)。

⑧确定市级和区级中心的位置和规模，提出主要的公共服务设施的布局。

⑨确定交通发展战略和城市公共交通的总体布局，落实公交优先政策，确定主要对外交通设施和主要道路交通设施布局。

⑩确定绿地系统的发展目标及总体布局，划定各种功能绿地的保护范围(绿线)，划定

河湖水面的保护范围(蓝线)，确定岸线使用原则。

⑪确定历史文化保护及地方传统特色保护的内容和要求，划定历史文化街区、历史建筑保护范围(紫线)，确定各级文物保护单位的范围；研究确定特色风貌保护重点区域及保护措施。

⑫研究住房需求，确定住房政策、建设标准和居住用地布局；重点确定经济适用房、普通商品住房等满足中低收入人群住房需求的居住用地布局及标准。

⑬确定电信、供水、排水、供电、燃气、供热、环卫发展目标及重大设施总体布局。

⑭确定生态环境保护与建设目标，提出污染控制与治理措施。

⑮确定综合防灾与公共安全保障体系，提出防洪、消防、人防、抗震、地质灾害防护等规划原则和建设方针。

⑯划定旧区范围，确定旧区有机更新的原则和方法，提出改善旧区生产、生活环境的标准和要求。

⑰提出地下空间开发利用的原则和建设方针。

⑱确定空间发展时序，提出规划实施步骤、措施和政策建议。

3. 城市总体规划强制性内容

①城市规划区范围。

②市域内应当控制开发的地域。包括：基本农田保护区，风景名胜区，湿地、水源保护区等生态敏感区，地下矿产资源分布地区。

③城市建设用地。包括：规划期限内城市建设用地的发展规模，土地使用强度管制区划和相应的控制指标(建设用地面积、容积率、人口容量等)；城市各类绿地的具体布局；城市地下空间开发的布局。

④城市基础设施和公共服务设施。包括：城市干道系统网络、城市轨道交通网络、交通枢纽布局；城市水源地及其保护区范围和其他重大市政基础设施；文化、教育、卫生、体育等方面主要公共服务设施的布局。

⑤城市历史文化遗产保护。包括：历史文化保护的具体控制指标和规定；历史文化街区、历史建筑、重要地下文物埋藏区的具体位置和界线。

⑥生态环境保护与建设目标，污染控制与治理措施。

⑦城市防灾工程。包括：城市防洪标准、防洪堤走向；城市抗震与消防疏散通道；城市人防设施布局；地质灾害防护规定(城市规划编制方法)。

三、城市控制性详细规划

控制性详细规划是以城市总体规划或分区规划为依据，对一定时期内城市局部地区的土地利用，空间环境和各项建设用地所做的安排(城市规划基本术语标准，1998)。控制性详细规划是以城市总体规划为依据，确定建设地区土地使用性质和使用强度指标，道路和工程管线控制位置以及空间环境控制的要求，是城市规划管理的依据，并指导修建性详细规划的制定。主要是以对地块的用地使用控制和环境容量控制、建筑建造控制和城市设计引导、市政工程设施和公共服务设施的配套，以及交通活动控制和环境保护规定为主要内容，并针对不同地块、不同建设项目和不同开发过程，应用指标量化、条文规定、图则标

定等方式对各控制要素进行定性、定量、定位和定界的控制和引导(吴志强等，2010)。控制性详细规划与修建性详细规划同属于详细规划。内容包括：

①确定规划范围内不同性质用地的界线，确定各类用地内适建、不适建或者有条件地允许建设的建筑类型。

②确定各地块建筑高度、建筑密度、容积率、绿地率等控制指标；确定公共设施配套要求、交通出入口方位、停车泊位、建筑后退红线距离等要求。

③提出各地块的建筑体量、体型、色彩等城市设计指导原则。

④根据交通需求分析，确定地块出入口位置、停车泊位、公共交通场站用地范围和站点位置、步行交通以及其他交通设施。规定各级道路的红线、断面、交叉口形式及渠化措施、控制点坐标和标高。

⑤根据规划建设容量，确定市政工程管线位置、管径和工程设施的用地界线，进行管线综合。确定地下空间开发利用具体要求。

⑥制定相应的土地使用与建筑管理规定。

四、城市修建性详细规划

修建性详细规划是以城市总体规划、分区规划或控制性详细规划为依据，制订用以指导各项建筑和工程设施的设计和施工的规划设计，是城市详细规划的一种。修建性详细规划的主要任务是：满足上一层次规划的要求，直接对建设项目做出具体的安排和规划设计，并为下一层次建筑、园林和市政工程设计提供依据。

根据原建设部《城市规划编制办法》(2005)，修建性详细规划应当包括下列内容：①建设条件分析及综合技术经济论证；②建筑、道路和绿地等的空间布局和景观规划设计，布置总平面图；③对住宅、医院、学校和托幼等建筑进行日照分析；④根据交通影响分析，提出交通组织方案和设计；⑤市政工程管线规划设计和管线综合；⑥竖向规划设计；⑦估算工程量、拆迁量和总造价，分析投资效益。

根据城乡规划学研究生入学考试的快题考试类型，以及本科生人才培养方案特点，一般在实践教学体系中，城市修建性详细规划因为涉及内容较多，根据实习学分限制，在此内容中，我们一般选择某个地块(如滨河地块、居住区地块和中心广场、站场地块等)，进行具体内容的规划实习。本教材选择滨河区块和居住区区块两部分进行实习规划内容的详细阐述。中心广场、站场等的区块规划相对而言比较少，在本教材中暂不涉及。

五、村庄规划

村庄规划是村庄建设与管理的依据，其基本任务是：遵照当地国民经济与社会发展规划，依据村庄的自然、经济、社会条件，以科学发展观为指导，协调村庄人口、资源与环境的关系。落实各项基本国策、各级政府和相关部门的规划，确定村庄的性质与发展规模，合理安排各项建设用地，确定各项基础服务设施的规模，制定旧村改造规划，使村庄的各项事业能科学地、有计划地进行。其内容包括村域总体规划、村镇建设规划、村镇经济区划、农宅设计规划等。

六、生态环境规划

生态环境规划是人类为使生态环境与经济社会协调发展而对自身活动和环境所做的时间和空间的合理安排。它是以社会经济规律、生态规律、地学原理和数学模型方法为指导，研究与把握社会—经济—环境生态系统在一个较长时间内的发展变化趋势，提出协调社会经济与生态环境相互关系可行性措施的一种科学理论和方法。实质上是一种克服人类经济社会活动和环境保护活动盲目性和主观随意性的科学决策活动。其目的是为了促进人与自然的和谐发展，保育和改善生态系统的结构和功能。

根据《国务院关于印发“十三五”生态环境保护规划的通知》(国发〔2016〕65号)的文件精神，生态环境规划是环境规划的一个重要方面，与多种资源规划、保护规划等紧密相关，如：水资源利用规划、土地利用规划、流域治理规划、防沙治沙规划、林业生态工程规划、草原保护规划、自然保护区规划、土地整理与复垦规划等。其中生态环境调查与评价、生态环境状况预测、生态环境功能区划、生态环境规划目标、生态环境规划方案的设计、生态环境规划方案的选择和实施生态环境规划的支持与保证等内容是各个规划必要的组成部分。我们将在后文进行详细阐述。

第三节 城乡规划社会调查方法和手段

城乡规划及相关专业除了要求学生要具有扎实的城乡规划学、地理学、环境科学等学科的基础知识和基本理论外，还要求学生具有较强的动手能力和实践能力，特别是具有社会调查、实地考察和分析解决实际问题的能力。因此，本专业除了在专业课程建设中加大了课程实习和实训的比重，还要求学生在每个学年针对本学年的专业学习重点进行相应的专业实地考察，从而更好地巩固学生在课堂所学的基础理论知识，把抽象的理论与实践问题结合起来，真正掌握理论和书本的知识。

社会调查是城乡规划的一项基础性工作，是城乡规划的一种科学研究方法和规划方法。城乡规划的社会调查是科学进行城乡规划决策的重要依据，是提高城乡规划编制质量的重要保证，是城乡规划公众参与及“动态调控”的基本手段。

一、城乡规划社会调查方法

城乡规划社会调查的方法主要包括问卷调查法、文献调查法、实地观察法、访问调查法、资料分析法等多种形式(风笑天，2012)。

(一)问卷调查法

问卷调查法又称为问卷法，是社会组织为一定的调查研究目的而统一设计的、具有一定结构和标准化问题的表格，它是社会调查中用来收集资料的一种工具。

1. 调查问卷的类型

根据要求回答问题的形式不同，调查问卷可分为开放型、封闭型和综合型三种类型。

(1)开放型问卷：一是在研究的初期，对所研究的问题或研究对象有关情况还不十分

清楚的情况下使用；二是在面临较深层次的研究问题时使用。

(2)封闭型问卷：封闭型问卷也称为结构式问卷，是指在问卷中把问题和可供选择的答案一起列出，调查对象只能在所限定的范围内挑选出答案来。

(3)综合型问卷：综合型问卷是指在一张调查问卷中，既有封闭性问题，又有开放性问题。一般以封闭性问题为主，根据需要适当增加若干开放性问题。问卷中的某些开放性问题经过调查后，在积累一定材料的基础上，就有可能转变为封闭性问题。

2. 调查问卷的结构

一个完整的问卷，一般应包括以下几个部分：调查标题、卷首语、指导语、个人特征资料、问题与答案、编码和结束语等。

3. 问卷的设计步骤与方法

①根据研究的目的与要求，收集所需资料。

②从调查者的时间、研究对象、分析方法和解释方法等方面来考虑调查问卷的形式。

③列出标题和各部分项目。

④征求意见，修订项目。

⑤试访，以 30~50 人为试访样本，得出信度和效度。

⑥进行样卷分析，重新修订问卷调查表。

⑦正式开展问卷调查。

4. 问卷的发放方式

当面发放调查是最有效的问卷发放方式。当面发放、当场填写，被调查者有不明白的问题可以当场问，由于是面对面的交流，易于取得被调查者的合作。但要注意防止在人员聚集场合填写问卷调查表所带来的相互干扰。互联网时代，也可采用网络问卷形式进行调研。

5. 问卷的回收

对回收的问卷，在剔除废卷的同时，要统计有效问卷的回收率。较高的有效问卷率是获得真实可靠资料的保证。

6. 数据统计

利用相关统计软件对问卷收集得到的数据进行统计分析，根据统计分析结果开展相关研究等。

(二)文献调查法

文献调查法，也称为历史文献法，即收集各种文献资料，摘取有用信息，研究有关对象的方法。其主要包括四个环节：文献收集、文献鉴别、文献整合，以及文献分析。

1. 文献收集

首先，要掌握文献的类别，了解国内外各种文献资料的概况、特点及获得的方法，熟悉主要文献索引和目录分类，掌握文献检索的基本技能；其次，明确研究课题的性质和范围，划定文献搜寻方向；最后，筛选并确定所需的主要文献，积累和保存相关文献。

2. 文献鉴别

文献收集任务完成后，即进入文献鉴别阶段，主要工作包括鉴别文献的真假与质量的高低等。

3. 文献整合

文献整合是文献调查法的一个重要环节，它是指研究者对已掌握的文献继续进行创造性分析、综合、比较、概括等思维加工的过程。通过文献加工处理，形成对事实本身的科学认识。文献整合的具体方法主要是运用形式逻辑思维与辩证思维等思维方法，从文献资料中得出事实判断或归纳、概括出原则、原理等。

4. 文献分析

文献研究的分析方法主要有非结构式定性分析法和结构式定量分析法，有时也采用定性与定量相结合的分析方法。

(三)实地观察法

实地观察法是观察者亲临被调查对象，有目的、有计划地运用自己的感官或借助科学仪器，能动地了解社会现象的方法。

1. 实地观察法的种类

①根据观察者角色的不同，可分为参与观察和非参与观察。

②根据观察内容与要求的不同，可分为有结构观察和无结构观察。

③根据观察对象状况的不同，可分为直接观察和间接观察。

2. 实地观察遵循的主要原则

①客观性原则；②全面性原则；③深入性原则；④持久性原则；⑤法律和道德原则。

(四)访问调查法

访问调查法又称为访谈法，即有计划地通过口头交谈等方式，直接向被调查者了解有关社会问题或探讨相关城市社会问题的调查方法。

1. 访问调查的类型

①根据访问方式的不同，可分为直接访问和间接访问。

②根据访问规范程度的不同，可分为标准化访问和非标准化访问。

③根据访问内容传递方式的不同，可分为小组座谈法、个别面访法、电话调查法和德尔菲法等。

2. 访谈程序

访谈过程主要分为三个环节，即准备环节、进行环节和结束环节。

3. 德尔菲法

该访谈法使20世纪60年代由美国兰德公司首创和使用的一种调查方法，是一种专家调查法，它与其他访谈法的主要区别是用背对背的判断来代替面对面的会议，即采用函询的方式，依靠调查机构反复征求每位专家的意见，经过客观分析和多次征询，使各种不同意见逐步趋于一致。该方法的实施步骤如下：

①拟定意见征询表。意见征询表是专家回答问题的主要依据，调查机构根据调查目的，拟定需要调查了解的问题，制定调查意见征询表。

②选定征询专家。选择的专家是否合适，这直接关系到德尔菲法的成效。

③轮回反复征询专家意见。

④作出调查结论。

(五)资料分析法

资料分析法是把客观事物分解为各个要素、各个部分、各个方面，然后对分解后的各个要素、部分、方面逐个分别加以考察或研究的思维方法。资料分析法可分为矛盾分析法、因果分析法、系统分析法、结构—功能分析法。

1. 矛盾分析法

矛盾分析法是运用矛盾的对立统一规律来分析社会现象的思维方法。主要是分析事物内部的对立与统一，揭示事物发展的内因和外因，认识矛盾的普遍性和特殊性。

2. 因果分析法

因果分析法是探究事物或现象之间因果联系的思维方法。把握因果联系的先后顺序，考察引起和被引起的联系，把握因果联系的其他特征。

3. 系统分析法

系统分析法是运用系统论的观点分析社会现象的一种方法，主要探究系统的外部环境与内在结构。

4. 结构—功能分析法

结构—功能分析法是运用系统论关于功能与结构的相关联系的原理来分析社会现象的一种思维方法。

二、调研资料的分析研究

(一)定性分析

定性分析是认识事物的质，寻找事物的本质联系。所谓质，是指一事物成为其自身并使之区别于其他事物的内部规定性。

城乡规划中常用的定性分析方法包括比较分析法和因果分析法。城乡规划中的比较分析法是对一些问题必须进行量化时所采用的，比如参照同类已建成城市的用地指标来判定所要规划的新城的用地指标；规划中的因果分析法是在规划过程繁杂的问题中发现主要因素，找出其中的因果关系，比如在判定城市的发展方向时对城市中各类自然资源、地理位置、对外交通及其功能的系统分析(李晓宇，李保华，2018)。

(二)定量分析

城市规划中的定量分析是指采用概率统计、运筹学模型和数学决策模型等进行量化分析，在大量的信息中提取出所需要的信息。定量分析可以帮助我们解决在城市空间规划中的现实问题，如利用 GIS 系统可以作出高程分析、坡度分析以及视线分析等；再如通过对城市空间数据的深入处理做到建设用地的“减量规划”，集约利用土地。定量分析依赖于数据的获取与分析，城乡规划中的传统数据获取往往是通过问卷调查、查阅年鉴资料和向有关单位获取相关数据的小样本数据(李晓宇，李保华，2018)。

城乡规划的定性分析是定量分析的基础，定量分析是定性分析的精确化，不同的规划项目进行定性分析以把握其本质规律，再通过定量分析的手段把握其发展变化规律。

三、城乡规划社会调查报告写作

社会调查报告主要由标题、简介、前言、主体、结束语、后记和附录等部分组成。

(一)标题

标题就是调查报告的题目，是能够突出表现主题的简短文字，要能够概括调查报告的主要内容，简明地表达报告的主旨，其形式有直叙式、判断式、提问式、抒情式和双标题式等。

(二)简介

简介是对调查报告主要内容的简要介绍，目的是引起读者的注意和兴趣，写作方式主要有摘要式和说明式。

(三)前言

前言又称为引言、导言，它是调查报告的开头部分。前言的内容主要是介绍和说明进行社会调查的背景与原因，如何进行社会调查和社会调查的简要结论等，是调查报告的基调，起着引领全文的作用，因此，前言要紧紧围绕主题介绍有关调查的情况，为正文内容的开展奠定基础。

(四)主体

主体即调查报告的正文，是调查报告内容重点开展的部分，也是调查报告最主要的部分。调查报告主体的内容一般包括背景部分、分析部分、建议部分。社会调查课题研究的社会背景、学术背景及对已有相关研究的评价，课题的研究目的、研究假设及研究方案，调查对象的选择及基本情况，基本概念、主要指标的内涵和外延及其操作定义，调查的主要方法和过程，调查获得主要资料、数据及其统计分析结果，研究问题的主要方法、过程、学术性推论及评价，本调查研究的局限性，尚未解决的问题或所发现的新问题等。

(五)结束语

结束语是调查报告的结尾部分。写作应简明扼要，不可画蛇添足。

(六)后记

后记是指在结束语之后，对调查报告的形成、撰写、出版等有关问题进行的介绍与说明。主要内容包括与调查课题的提出和实施有关的情况和问题，与调查报告撰写有关的情况和问题，与调查课题参与者和调查报告撰写者有关的情况和问题，与调查报告发表或出版有关的情况和问题等。

(七)附录

附录是指调查报告的附加部分。附录的内容主要是调查报告正文包涵不了或者未涉及，但是又需要进行说明的情况和问题。附录一般包括引用资料的出处、调查问卷及表格、调查指标的解释说明、计算公式和统计用表、调查的主要数据、参考文献、典型案例、名词注释及专业术语对照表等。

第二章 区域规划综合实习

区域规划综合实习，更多的是侧重对区域自然资源、社会经济条件、城镇建设发展情况的调研、分析与评价，达到对区域发展条件综合认知与评价。一般而言，规划实习不建议选择太大的区域，即使是研究生，过大的实习区域，在宏观上也难以把握，很难在短期(一般为2~3周)内，对一个大区域的自然、资源、社会、经济、政策等方面获得快速了解，所以实习区一般以市域、镇域、村域等为主，要求学生以小组为单位，深入展开调研。在调研之前，学生应明确实习目标，教师引导学生通过互联网、有关政府部门、统计年鉴等获取实习区的基本区位条件(含地理位置和交通条件等)、自然资源条件、社会经济数据(含人口、经济、产业等)，并制定好调研路线与内容，规范提交实习报告的格式。

第一节 区域综合规划内容

一、区域综合规划内容

区域综合规划主要任务是：因地制宜地发展区域经济，有效地利用资源，合理配置生产力和城镇居民点，使各项建设在地域分布上综合协调，提高社会经济效益，保持良好的生态环境，顺利地进行地区开发和建设。因此，其主要内容包含以下几个方面(吴志强等，2010)。

(一)区域发展条件评价和发展定位

区域发展条件评价，即区域发展基础评价，是关于自然资源与自然条件评价。对经济发展有重要影响的自然资源有：土地、水、矿产、生物、海洋及自然风景等，其中土地和水是共性资源，也可以称为“本底资源”，其优劣、丰歉程度表现了一个区域的基础素质。

经济发展现状分析：经济现状分析的主要内容是总量结构和效益的分析，以明确区域经济发展的优势和问题。

经济发展的软、硬环境分析：区域发展的软环境又被称为人文资源或社会条件，包括人口(劳动力)的数量和质量、管理干部的业务素质、企业技术装备水平、社会文化教育状况等。

这类环境因子对企业的经济效益至关重要，是经济模式(技术密集、劳动密集与资源密集)选择的一个重要依据。

(二)区域发展战略

战略泛指带有全局性和长远性的重大谋划。区域发展战略(regional development strategy)，是指对区域整体发展的分析、判断而作出的重大的、具有决定全局意义的谋划。其

核心是解决区域在一定时期的基本发展目标和实现这一目标的途径。区域发展战略具有宏观性、综合性、长远性、阶段性和地域性的特点。

区域发展战略主要解决以下问题：①战略目标：是发展战略的核心，是战略思想的集中反映，一般表示战略期限内的发展方向和希望达到的最佳程度。②战略重点：包括区域在竞争中的优势领域；经济发展的基础性建设；区域发展中的薄弱环节；经济转折时期的关键问题或扭转区域局面的关键因素。③战略方针：是指实现战略目标的总策略、总原则，是规范地区发展的行动指南。④战略措施：是实现战略目标的步骤和途径，是实施战略的手段，是战略目标、方针的进一步具体化。

(三)经济结构与产业布局

经济结构(economic structure)是经济系统中各个要素之间的空间关系，包括企业结构、产业结构、区域结构等。经济主体与经济客体的关系是最基本的经济结构。经济结构状况是衡量国家和地区经济发展水平的重要尺度。不同经济体制，不同经济发展趋向的国家和地区，经济结构状况差异甚大。对于城乡一体化而言，经济结构中的产业结构很重要，也是影响经济结构的重要因素。

产业布局可以通俗地理解为产业规划，产业规划就是对产业发展布局，对产业结构调整进行整体布置和规划。产业结构就是指三大产业结构，具体的措施可以概括为统筹兼顾，协调各产业间的矛盾，进行合理安排，做到因地制宜、扬长避短、突出重点、兼顾一般、远近结合、综合发展。在美丽乡村建设中，充分挖掘乡土资源，合理布局特色产业，发展乡村旅游业、民宿休闲等产业，调整村庄产业结构，提高村庄收入，改善居民生活水平。在城市(镇)发展中，其功能分区与产业布局规划相关性紧密，是城市(镇)空间有机组织的重要依托。

(四)城镇化与城乡居民点体系规划

城镇化(urbanization)是指随着一个国家或地区社会生产力的发展、科学技术的进步以及产业结构的调整，其社会由以农业为主的传统乡村型社会向以工业(第二产业)和服务业(第三产业)等非农产业为主的现代城市型社会逐渐转变的历史过程。包括人口职业的转变、产业结构的转变、土地及地域空间的变化。其中，地理学者认为城镇化就是非农业人口的集中、城镇建设区域的集中、非农产业的集中。在我国的名称为农村城镇化(rural urbanization)，它是解决乡村人口就地就业转移的重要途径，其是指各种要素不断在农村城镇中集聚，农村城镇人口不断增多，城镇数量、规模不断增大，质量不断提高的过程。它是以工业为主体的非农产业集聚发展的必然结果，是农村社会演进并通往现代化的一个重要过程，是传统农村向现代城市文明的一种变迁，是统筹城乡发展、全面建设小康社会的重要内容。农村城镇化是促进城乡一体化的有效途径。

不管是城镇化还是农村城镇化，其在地理空间上表现出来的最终结果都是居民点集中，因此，城镇化必然会在空间上影响城乡居民点体系结构。城乡居民点体系规划的核心内容是城乡一体化，它是城乡统筹的必然要求，是针对我国目前城乡居民点还处于粗放型高耗能的发展方式，对城乡一体化居民点体系的研究，有利于我国国土的集约高效发展、打破城乡二元结构、推动美丽乡村建设发展。

(五)区域基础设施布局规划

区域基础设施包括：交通运输系统、给水排水系统、动力系统(一般为电力系统)和通信系统四大系统，是泛指国民经济体系中为社会生产和再生产提供一般条件的部门和行业系统。因此，区域基础设施布局规划包括：交通运输规划、给水排水规划、电力系统规划和区域通信系统规划等。

交通运输规划包括客货运量及流量、流向的预测；运输方式结构的确定；提出交通运输网的基本方案；选定重大交通工程项目，以及工程修建时间和造价估算等。给水、排水规划包括区域城乡人口需水量预测(城镇居民生活用水、工业用水、城市市政公共服务用水、农村用水)，给水管网线路、口径大小确定，城镇污水量预测、污水管网规划、污水处理厂设置等，以及农田排涝排洪渠系。电力系统规划包括需电量预测、电源建设规划、电网规划、高压线走向等内容。区域通信系统规划包括业务量预测、局所规划、网路规划等内容。

(六)区域生态环境保护规划

区域生态环境是指特定地域空间中人类发展与建设所面临或影响的自然要素及其过程的总和，具有独特的功能、结构和特征，是区域发展的基础。由于人类活动与生态环境之间的关系已经出现了一定程度的不和谐迹象，需要制定保护规划，重新协调区域人类发展与区域生态环境的关系，将人类活动对环境的影响控制在环境许可的范围之内。

区域生态环境保护规划就是在区域发展过程中，基于区域社会经济发展的需要，综合考虑区域环境结构与特征，对人类发展建设活动与区域生态环境之间的关系所作的时间与空间安排。区域生态环境保护规划是区域规划的重要组成部分，在区域环境问题日益严重、可持续发展迫切要求的情况下，显得更为重要。其主要内容包括：生态功能区划、重要生态功能区保护规划、区域生态空间结构维护规划、重要生态要素保护规划、关键生态问题治理、区域污染总量控制、城镇生态环境综合整治与保护、区域生态环境保护规划的实施策略。

(七)空间管制与协调规划

空间管制是指通过划定区域内不同建设发展特性的类型区，制定其分区开发标准和控制引导措施，可协调社会、经济与环境可持续发展，可分为政策性分区和建设性分区。政策性分区是指根据区域经济、社会、生态环境与产业、交通发展的要求，结合行政区划进行次区域政策分区，不同政策分区实施不同的管制对策，实施不同的控制和引导要求。建设性分区为禁止建设区、限制建设区、适宜建设区。可见，空间管制就是要分区进行管理，在城乡规划的空间布局中，空间管制一方面对城乡生态环境进行保护，如水环境、大气环境等，还对城乡资源进行保护，如耕地保护、林地资源保护等；另一方面，对城乡建设有严格的空间管制效应，在空间上阻碍了城市化的进程。

因此，在规划过程中，导致多种规划之间的空间布局存在相互冲突和矛盾的地方，需要进行规划协调，也就是目前研究的热点问题：多规合一、城乡统筹发展、国土空间规划等。

(八)区域政策与实施措施

在城乡规划过程中，除了《城乡规划法》中的政策和法律法规的指导外，规划工作者还应根据规划和区域的实际情况，从经济发展、产业布局、土地规划等角度出发，对规划的落地和可行性进行指导，提出确保规划顺利开展的政策与措施。政策与措施可以是宏观政策，也可以是微观政策。

(九)区域规划中其他内容的探索和创新

主要是在大数据支持下，从规划视角、规划技术手段等方面进行探索与创新。比如可以通过手机信令数据或者百度热力数据判定人流集聚问题，从而对城市商业综合体布局合理性进行分析。目前，我国大数据产业已经进入应用爆发的关键节点，关键技术、相关应用模式逐步成熟，大数据基础设施、法律法规、政策体系和数据标准等产业生态环境逐步完善。尤其是我国大数据产业顶层设计文件相继出台，为大数据产业的快速发展提供了有力的保障。其中，国务院在2015年公布《促进大数据发展行动纲要》(国发〔2015〕50号)，对大数据产业发展进行了总体设计和统筹部署(图2-1)。

二、新时期重点关注的问题

目前区域规划中主要存在协调问题、执行力问题、城乡融合三个需要重点关注的问题。由于我国规划体系庞杂，由政府出台的规划类型有80多种，其中法定规划有20多种，而地方性的规划又多而杂，因此，区域综合规划在实施时要注意与区域内的其他规划相协调。主要是协调区域内部社会、经济、生态等不同系统间的发展矛盾；地区、部门之间利益的协调；与专题规划、地方规划协调，处理无法一致的内容；规划方案在不同层面的协调(相伟等，2006)。协调内容包括战略性内容上的协调，规划内容的协调，具体项目落实，政策措施的协调(相伟等，2006)。

各地各级政府，行政单位，规划主管部门在制定区域综合规划时都投入了大量的精力，力图将区域综合规划成为贯穿科学发展观，有着大局视野，充分抓住并利用重要战略期的，有针对性和导向性的发展规划。但是即使规划编制再完美，再合理科学，如果没有相应的执行力去执行，那么区域综合规划就无法达到预期的目标，甚至还可能会造成重大的损失。因此，规划的完善落实需要配套的执行力。规划在执行过程中往往会出现执行不足的情况，包括有规不依，执行另一套；执行时紧时松，缺乏连续性；执行偏离目标；权责不明；考核制度混乱；执行力失真这些情况(徐权，2008)。徐权(2008)认为影响执行的因素在于认识与理解、管理与监控、评估与奖励、沟通与协调。执行力的落实不仅要求执行部门人员有正确的认识，还要改善官员的服务态度，做到认真负责，同时也要做好评估和奖励工作，有功必奖，有过必罚，还要做好沟通协调工作，执行力的落实在于多个部门之间的共同努力协作，有效的沟通能够避免矛盾的产生、资源的浪费和执行力的丧失。

从统筹城乡发展，到城乡发展一体化，再到城乡融合发展，党中央关于城乡发展的思路在本质上是一脉相承的(赵祥，2018)。随着城乡统筹发展，城市边界线不断扩张，都市圈范围跨越市域行政界线，甚至跨越省界(如南京市都市圈扩大到安徽省马鞍山市，杭州

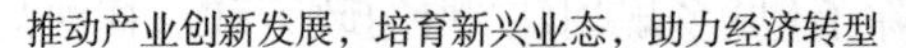

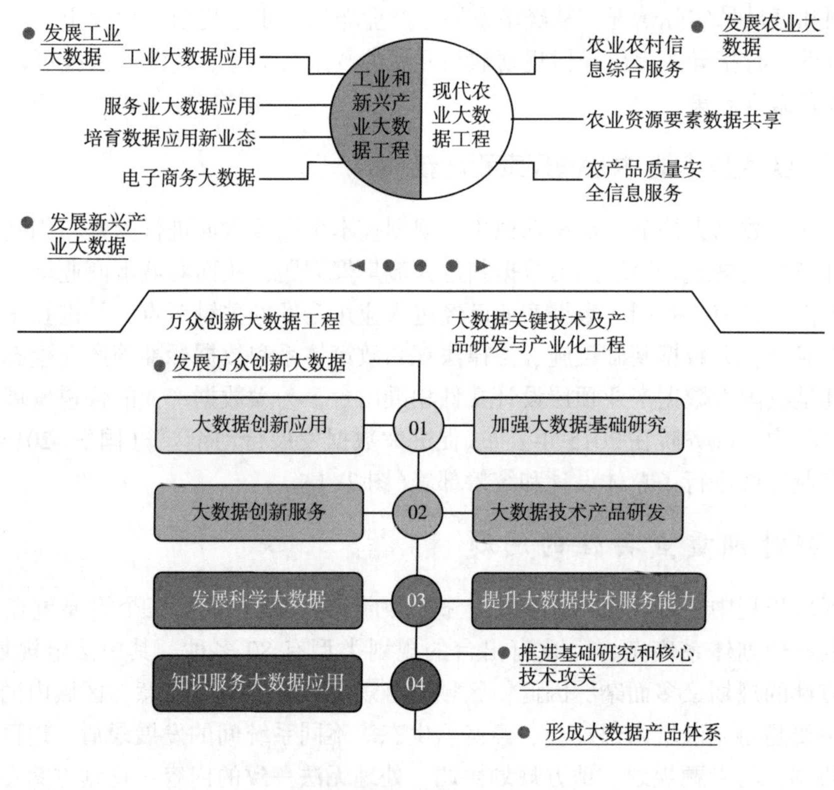

图 2-1　大数据产业应用程序（引自：国发〔2015〕50 号《促进大数据发展行动纲要》）

市都市圈扩大到安徽省黄山市），区域规划应该更加紧密联系区域均衡发展。在这个研究领域上，城市边界线划分含义将进一步扩大，包括城市建成区边界线的划定，以及都市圈边界线的划定。按照北京大学教授林坚（2018）的研究，国际上划定城市发展边界的探索实践一般可分为以下四类：

（1）城市建设底线：划定城市建设开发活动的绝对禁建区域，如深圳基本生态控制线、北京限建区规划的禁建区等。

（2）城乡地域分界：划定城市区域与乡村区域的边界，如美国城市增长边界、日本城市化地区边界、我国台湾地区都市地域边界等。

（3）城市形态控制线：划定城市建设空间集中开发区域边界，如英国伦敦绿带、城乡规划建设用地边界、土地利用总体规划规模边界。

（4）城市发展弹性边界：划定城市未来一定年限潜在发展空间边界，如土地利用总体

规划扩展边界。

以上这些都构成了区域规划研究的新内容。

第二节　区域发展条件评价

一、区域发展条件评价的原则

1. 明确评价目标，有的放矢

从区域经济发展方向和产业布局的要求出发，不同产业部门的发展对自然资源和社会经济资源的要求是不同的，并随着社会经济发展而不断变化。

2. 综合分析与主导因素分析相结合

综合全面分析评价区域发展条件和环境是区域评价的必然要求，同时，对影响和制约区域发展的主导因素进行分析是区域评价的主要方面。在区域经济一体化和经济全球化高度发展的今天，参与经济分工，实现区域产业专业化发展是经济发展成熟区域的主要特征，区域主导自然要素或社会经济要素是决定区域参与经济分工的决定力量，因此，区域主导因素分析是区域分析评价的重要内容。

3. 经济效益、社会效益与生态效益的统一

目前，我国经济正处于快速转型升级之中，经济增速进入中高速阶段，产业结构升级加快，实现区域经济效益、社会效益与生态效益的协调统一是区域社会经济发展的内在要求。

二、区域发展条件评价的内容

(一)自然资源

1. 自然资源的概念、分类

自然资源是指存在于自然界，能被人类利用并能产生经济或社会价值的自然条件(或自然环境要素)。联合国环境规划署将自然资源定义为：在一定的时间、地点条件下，能够产生经济价值，以提高人类当前和未来福利的自然环境。

根据不同用途划分不同的分类体系。如根据自然资源的赋存条件及其特征划分为地下资源、地表资源；根据自然资源的国民经济用途划分为农业资源、工业资源、旅游资源等；根据自然资源的利用方式划分为直接生活资源、劳动资料资源；根据自然资源能否再生划分为可再生自然资源、可更新自然资源、不可再生自然资源。

2. 自然资源对区域发展的影响

(1)自然资源是区域社会经济发展的物质基础：首先，自然资源是区域生产力的重要组成部分，也是生产力的原生动力。其次，自然资源是区域生产发展的必要条件，如水资源、土地资源等，是人类生产和生活的必备资源。最后，随着科学技术的进步和生产力水平的提高，自然资源的范畴也在不断地扩大，但自然资源仍是区域生产力发展的自然物质基础。

(2)自然资源对区域社会经济发展的影响是多方面的：首先，自然资源的数量多寡影响区域生产发展规模的大小。其次，自然资源的质量及开发利用条件影响区域生产活动的经济效益。最后，自然资源的地域组合影响区域产业结构。

3. 自然资源的评价内容

(1)自然资源数量的评价：

①要查清区域各类自然资源的绝对数量，研究其可能的开发规模和开发后可能产生的经济价值以及区域发展的作用，明确区域主要自然资源。

②对于已开发利用的资源，则应研究其数量对现状生产的保证程度，并根据保证程度和现状生产在区域经济中的地位来研究其区域自然资源的优势与潜力。

③在前面分析的基础上，分析自然资源相对量，进一步明确资源对需求的保证程度和开发利用的潜力。

④分析比较区域几类主要资源在数量上的比例关系，以明确区域各类资源的数量配合情况以及对区域产业结构及发展方向的保证程度。

(2)自然资源质量的评价：对自然资源的质量的评价应从以下几个方面考虑：即技术上的可能性、经济上的合理性以及需求上的迫切性。

(3)自然资源的地理分布特征与地域组合特征的评价：自然资源的地理分布影响到其被开发利用的先后次序和开发利用的成本及利用的效率。对自然资源地域组合特征的评价有利于揭示自然资源相互联系、相互制约的关系，明确在一定地域上自然资源对区域生产力发展的影响，并抓住主要资源或主要矛盾进行分析。自然资源的地域组合还是影响地域产业结构的重要因素。

(4)自然资源开发利用方式或方向的评价：不同的自然资源种类或组合有不同的利用方式与方向，且同一类的自然资源或组合也有不同的利用方式与方向，因此，在前面分析评价的基础上，这里应该就区域自然资源开发利用的方式与方向提出多种可供选择的方案，并对各种方案从技术可能性和经济合理性两个方面进行分析论证，筛选出几个可行方案。

(5)自然资源开发利用效应的评价：任何对自然的改造和对自然资源的开发利用，都会引起正负两个方面的效应，它不但表现在经济方面，而且还表现在社会方面和环境生态方面。只有正确分析各方面的正负效应，综合权衡利弊得失，才能做出正确的决策，并在资源开发实施中预先安排好预防措施，以减轻负效应之影响。

(二)人口与劳动力

1. 人口对区域发展的作用

人既是生产者，又是消费者，人口对区域发展的影响主要从这两个方面体现。作为生产者，人口的作用主要体现在：①区域劳动人口的数量影响区域自然资源开发利用的规模——生产规模的大小；②区域人口的素质影响区域经济的发展水平和区域产业的构成状况；③人口的迁移与分布影响区域生产的布局。

作为消费者，人口的作用主要体现在：①人口的数量及其增长影响区域市场的规模、劳动力资源的供给及扩大再生产的投资的供给；②人口的素质影响区域消费结构，进而影

响区域生产结构；③人口的迁移及分布影响消费市场的分布。

2. 区域人口与劳动力分析内容

区域人口与劳动力的分析应从人口的消费与生产两重性特点出发，重点分析区域人口数量及其增长、劳动力的供给、人口的分布状况等对生产布局及区域发展的影响，主要包括以下几个方面：

(1)区域人口数量分析：包括人口总量、性别构成、年龄构成、职业构成和民族构成分析。

(2)区域人口的增长分析：包括人口自然增长和机械增长分析。人口自然增长分析包括对人口的出生率、生育率、死亡率和自然增长率等的分析。区域人口机械增长是指区域人口的净迁入。通常用机械增长率表示。机械增长率是指一地区年内迁入和迁出人口的差数占总人口的比例。

(3)区域人口的质量分析：人口质量即人口素质，包括三个方面，即身体素质、文化技术素质和思想素质。身体素质是人口素质发展的自然基础，是指人的体质和智力；文化技术素质是指人口受文化科技教育与训练的程度；思想素质包括思想觉悟、道德品质、传统习惯等。

(4)区域劳动力供应分析：主要分析区域劳动力资源数量和质量。

(三)技术条件

技术是构成区域生产力的重要组成部分，技术条件是发展的重要条件之一。自然条件和自然资源提供了区域发展的可能性，而技术将这种可能性转变为现实性。关于技术条件评价，主要涉及到对区域生产选择技术的优势和劣势的分析与评价。

第三节　城镇体系规划实习

一、城镇体系规划概述

城镇体系规划是我国目前城乡规划法定的规划体系中等级最高的规划。城镇体系规划是关于一定区域内城镇发展与布局的规划，为政府引导区域发展提供宏观调控的依据和手段。它的主要任务是：综合评价城镇发展条件；制订区域城镇发展战略；预测区域人口增长和城市化水平；拟定各相关城镇的发展方向与规模；协调城镇发展与产业配置的空间关系；统筹安排区域基础设施和社会设施；引导和控制区域城镇的合理发展与布局；指导各城镇总体规划的编制。

城镇体系规划一般分为全国城镇体系规划、省域(自治区)城镇体系规划、市域(包括直辖市、市和有中心城市依托的地区、自治州、盟域)城镇体系规划、县域(包括县、自治县、旗域)城镇体系规划四个层次。我国已经形成一套由国土规划→区域规划→城镇体系规划→城市总体规划→城市分区规划→城市详细规划等组成的空间规划系列。城镇体系规划处于对国土规划和城市总体规划进行衔接的重要地位。城镇体系规划既是城市规划的组成部分，又是区域国土规划的组成部分。城镇体系规划为中长期规划，规划期限一般为20年，但是在实际规划过程中，为了与国家五年行动计划时间期限一致，规划期限也可以为15年，其中，近期规划期限为5年。

二、主要成果要求

城镇体系规划的成果包括文本、主要图纸和附件。

1. 城镇体系规划文本

规划文本是对规划的目标、原则和内容提出规定性和指导性要求的文件。

2. 主要图纸

城镇体系规划的主要图纸包括：

①城镇现状建设和发展条件综合评价图；

②城镇体系规划图(一般包括城镇空间结构规划图、城镇等级规模结构规划图和城镇职能结构规划图)；

③区域综合交通规划图；

④区域社会及工程基础设施配置图。

图纸比例：全国1：250万，省域1：100万~1：50万，市域、县域1：50万~1：10万。重点地区城镇发展规划示意图1：5万~1：1万。

3. 附件

附件是对规划文本的具体解释，包括说明书、专题规划报告和基础资料汇编。

三、城镇体系规划的实习分析内容

为了让学生通过实习对区域城镇体系内容有深刻理解，在实习过程中，除了充分进行社会调研外，还要求学生在实习报告中必须有以下内容，并最好能做到图文并茂。具体分析内容如下。

1. 基础条件分析

只有对城镇体系存在和发展的基础有了透彻的理解，才能提出正确的规划指导思想，建立正确的目标，采取适当的发展战略，选择符合实际的空间模式。基础条件分析主要有以下三个方面的内容。

(1)城镇体系发展的历史背景：主要内容是分析该区域历史时期的分布格局和演变规律，揭示区域城镇发展的历史阶段及导致每个阶段城镇兴衰的主要因素，特别是要重视历史上区域中心城市的转移、变迁。

(2)城镇体系的区域基础：目的是分析区域经济和城镇发展的有利条件和限制因素。

(3)城镇体系发展的经济基础：一般要求深入分析各产业部门的现状，找出现状特点和存在问题，并通过对进一步发展条件的分析、方案比较，指出主要产业部门的发展方向，最后具体落实到每个城镇。

2. 城镇化和城镇体系结构

根据城镇体系规划的国标要求，重点分析以下几个部分：

(1)人口和城镇化水平预测：城镇体系规划主要考虑区内建制镇及其以上等级的居民点的合理发展，适当考虑与集镇的关系。因此，在规划期内，区域人口规模、城镇人口规模以及城镇化水平的预测是城镇体系规划首先要回答的问题。城镇化水平的预测应该从农业人口向城镇人口转移的可能性和城镇对农业人口可能的吸纳能力两个方面进行预测和测度。

(2)城镇体系的等级规模结构：应根据一段时间以来，各城镇人口规模的变动趋势和相对地位变化，预测今后的动态；分析现状城镇规模分布的特点；结合城镇的人口现状、发展条件评价和职能的变化，对各个城镇作出规模预测，制定城镇体系的等级规模序列，规划确定较为合理的城镇等级规模结构。

(3)城镇体系的职能结构：一个体系中的城镇有不同的规模和增长趋势。城镇职能结构规划首先要建立在现状职能分析的基础之上。通常情况下，收集区域内各城镇经济结构的统计资料，通过定量和定性分析相结合的方式，明确各城镇之间职能的相似性和差异性，对城镇职能进行分类。越是大型的城镇体系，越需要定量技术的支持。

现状的城镇职能和职能结构不一定是完全合理的。长期以来，中国许多城市存在着重复建设、职能性质雷同、主导产业不突出、普遍向综合化方向发展的趋势。因此，在城镇体系职能结构规划中，要重视对城镇现状职能的分析，肯定其中合理的部分，寻找其中不合理的部分，然后制定出有分工、有合作，符合比较优势原则，充分建立各自区位优势的专业化与综合化有机结合的新的职能结构。

最后，对重点城镇还应该明确其规划性质，其表述不宜过于简单抽象，力求将其主要职能特征准确表达出来，使城市总体规划的编制有理有据。

(4)城镇体系的空间结构：这部分内容主要包括：①分析区域城镇现状空间网络的主要特点和城市分布的控制性因素；②进行区域城镇发展条件的综合评价，以揭示地域结构的地理基础；③设计区域不同等级的城镇发展轴线；④综合各城镇职能、规模和网络结构中的分工和地位，对今后发展对策进行归类，为未来生产力布局提供参考；⑤根据城镇间和城乡间相互作用的特点，划分区域内的城市经济区，充分发挥中心城市的带动作用。

3. 各专项规划和配套基础设施规划

前期的基础条件分析、城镇化水平预测和城镇规模、职能体系规划完成后，还应当对规划范围内的其他专项规划，如绿地系统、交通系统等进行考虑，并对配套基础设施进行统一的规划和布局。

由于此项内容较多，一般可根据实习区实际情况有选择性地挑选内容。

第四节　区域土地利用规划实习

通过实习，使学生对所学土地利用规划的基本原理，有全面深刻的理解，能更好地掌握其方法，并能在实践中完成土地利用规划，以达到学以致用的目的。通过实践活动，提高学生分析问题和解决问题的能力，使理论与实践相结合，让学生学到比书本上更多的知识体系，以提高学生的综合素质。

通过此次实习，应用土地利用规划的基本原理及方法，对规划的具体内容进行操作。结合所学其他课程知识，尤其是RS、GIS软件(ArcGIS)的应用，针对当前的土地利用现状特征以及自然条件、社会经济发展状态，进行某一个区域的土地利用规划编制，要求学生能够设计乡镇级土地利用规划方案。从而锻炼学生的动手能力，提高今后进行土地利用规划的能力。

一、土地利用类型

我国土地利用类型经历了几次大的调整，目前采用的分类体系分为土地利用现状类型和土地利用规划类型两种。其变更历程如下。

第一轮土地利用总体规划的分类体系依据1984年制定的《土地利用现状调查技术规程》中的"土地利用现状分类及含义"确定的分类体系进行土地利用现状分析和规划，即将土地分为耕地、园地、林地、牧草地、居民点及工矿用地、交通用地、水域和未利用土地8个一级类和46个二级类。

修订后的1998年版《中华人民共和国土地管理法》将土地分为农用地、建设用地和未利用地。因此，第二轮土地利用总体规划编制所采用的规划分类体系是在原土地分类体系基础上进行归并和调整所确定的。

随后为了利于全国城乡土地的统一管理和土地调查成果的扩大应用，在1984年发布的《土地利用现状调查技术规程》中制定的《土地利用现状分类及含义》和在1989年9月发布的《城镇地籍调查规程》中制定的《城镇土地分类及含义》的基础上，2002年国土资源部发布了《全国土地分类》(过渡期间适用)分类体系。经过进一步优化调整，2007年8月国土资源部正式发布实施了《土地利用现状分类》(GB/T 21010—2007)，并按照此分类体系开展了第二次全国土地调查。

第三轮土地利用总体规划编制分类体系采用的《关于印发市县乡级土地利用总体规划基础转换与各类用地布局指导意见(试行)的通知》(国土资厅发〔2009〕10号文)和2010年发布的《土地利用总体规划编制规程》确定的规划分类体系，即是在《土地利用现状分类》(GB/T 21010—2007)基础上进行归并和调整确定的。

2018年，新一轮土地利用总体规划编制试点工作开展。按照党的十九大报告中提出的统一国土空间用途管制和生态保护修复等要求，进一步健全国土空间用途管制制度，创新土地利用总体规划编制和实施体制机制，提出适应高质量发展要求的指标体系、政策体系、标准体系、统计体系等，加快土地供给侧结构性改革，推动土地利用方式转变和质量提升，强化空间治理能力建设。本次规划以2035年为规划目标年，展望至本世纪中叶，并与城市总体规划合并为国土空间规划，注重"多规合一"，结合主体功能区划分，科学评估既有生态保护红线、永久基本农田、城镇开发边界等重要控制线划定情况，进行必要调整完善。由于这个内容尚在试点中，本书暂且对比不做具体实习要求。

2017年11月1日，由国土资源部组织修订的国家标准《土地利用现状分类》(GB/T 21010—2017)，经国家质检总局、国家标准化管理委员会批准发布并实施。《土地利用现状分类》(GB/T 21010—2017)采用一级、二级两个层次的分类体系，共分12个一级类、73个二级类。其中一级类包括：耕地、园地、林地、草地、商服用地、工矿仓储用地、住宅用地、公共管理与公共服务用地、特殊用地、交通运输用地、水域及水利设施用地、其他土地。

土地利用规划分类采用二级分类，一级类3个，分别为农用地、建设用地、其他用地；二级类10个，其中农用地分为耕地、园地、林地、牧草地、其他农用地，建设用地分为城乡建设用地、交通水利用地、其他建设用地，其他用地分为水域、自然保留地。具体见表2-1所列。

表 2-1　土地利用规划分类体系

一级类		二级类		三级类	
类别名称	代　码	类别名称	代　码	类别名称	代　码
农用地	1	耕　地	11	水浇地	111
				旱　地	112
				菜　地	113
		园　地	12		
		林　地	13		
		牧草地	14		
		其他农用地	15	设施农用地	151
				农村道路	152
				坑塘水面	153
				农田水利用地	154
				田　坎	155
建设用地	2	城乡建设用地	21	城市用地	211
				建制镇用地	212
				农村居民点用地	213
				采矿用地	214
				其他独立建设用地	215
		交通水利用地	22	铁路用地	221
				公路用地	222
				民用机场用地	223
				港口码头用地	224
				管道运输用地	225
				水库水面	226
				水工建筑用地	227
		其他建设用地	23	风景名胜设施用地	231
				特殊用地	232
				其他土地	233
其他土地	3	水　域	31	河流水面	311
				湖泊水面	312
				滩　涂	313
		自然保留地	32		

综上所述，现今土地利用分类分为以下两种：

(1)土地利用现状调查分类体系：采用 2017 年 11 月 1 日，由国土资源部组织修订的国家标准《土地利用现状分类》(GB/T 21010—2017)，共分 12 个一级类、73 个二级类。

(2)土地利用规划分类体系：采用 2010 年国土资源部发布的《土地利用总体规划编制规程》确定的规划分类体系，共分为 3 个一级类、10 个二级类。其中现状分类与三大类之间的二级分类对应关系如下(表 2-2)。

表 2-2　土地利用现状调查分类体系与规划体系对照表

三大类	土地利用现状分类	
	类型编码	类型名称
农用地	0101	水　田
	0102	水浇地
	0103	旱　地
	0201	果　园
	0202	茶　园
	0203	橡胶园
	0204	其他园地
	0301	乔木林地
	0302	竹林地
	0303	红树林地
	0304	森林沼泽
	0305	灌木林地
	0306	灌丛沼泽
	0307	其他林地
	0401	天然牧草地
	0402	沼泽草地
	0403	人工牧草地
	1006	农村道路
	1103	水库水面
	1104	坑塘水面
	1107	沟　渠
	1202	设施农用地
	1203	田　坎
未利用地	0404	其他草地
	1101	河流水面
	1102	湖泊水面
	1105	沿海滩涂
	1106	内陆滩涂
	1108	沼泽地
	1110	冰川及永久积雪
	1204	盐碱地
	1205	沙　地
	1206	裸土地
	1207	裸岩石砾地
建设用地	0501	零售商业用地
	0502	批发市场用地
	0503	餐饮用地
	0504	旅馆用地
	0505	商务金融用地
	0506	娱乐用地
	0507	其他商服用地
	0601	工业用地
	0602	采矿用地
	0603	盐　田
	0604	仓储用地
	0701	城镇住宅用地
	0702	农村宅基地
	0801	机关团体用地
	0802	新闻出版用地
	0803	教育用地
	0804	科研用地
	0805	医疗卫生用地
	0806	社会福利用地
	0807	文化设施用地
	0808	体育用地
	0809	公用设施用地

（续）

三大类	土地利用现状分类		三大类	土地利用现状分类	
	类型编码	类型名称		类型编码	类型名称
建设用地	0810	公园与绿地	建设用地	1003	公路用地
	0901	军事设施用地		1004	城镇村道路用地
	0902	使领馆用地		1005	交通服务场站用地
	0903	监教场所用地		1007	机场用地
	0904	宗教用地		1008	港口码头用地
	0905	殡葬用地		1009	管道运输用地
	0906	风景名胜设施用地		1109	水工建筑用地
	1001	铁路用地		1201	空闲地
	1002	轨道交通用地			

表 2-3　湿地分类体系说明

土地利用现状分类			
类型编码	类型名称	类型编码	类型名称
0101	水　田	1102	湖泊水面
0303	红树林地	1103	水库水面
0304	森林沼泽	1104	坑塘水面
0306	灌丛沼泽	1105	沿海滩涂
0402	沼泽草地	1106	内陆滩涂
0603	盐　田	1107	沟　渠
1101	河流水面	1108	沼泽地

注：此表仅作为“湿地”归类使用，不以此划分部门管理范围。

二、土地利用规划方法

土地利用规划一般包括总体规划和分项规划两大部分，前者可看作母系统，后者是子系统。一般而言，专项规划与其他规划相结合，本教材不做单独讲解，也不对本科生做具体实习内容要求。在此仅讲解土地利用总体规划编制的相关内容。

（1）规划任务书：要求明确规划的范围、时间期限、指导思想、目的、参与规划的部门、成果要求以及方法步骤、领导机构和工作班子等。

（2）资料收集：收集、整理和分析有关自然资料、土地资源、土地利用和社会经济等方面的数据、图件、文件等资料。已有资料的不足部分或不准确部分，应进行必要的补查和核实。设置专题开展研究。通过上述工作，要对全区域土地利用状况、土地资源的优势和潜力，以及今后各项事业的土地需求量作出准确的预测，找出土地利用中存在的主要问题和应采取的方针与对策。

(3)分析预测：①土地利用现状分析。了解土地利用的演变及其规律，目前土地利用的状况及存在问题。②土地利用潜力研究。包括土地资源的自然适宜性，待开发土地的潜力，以及不同投入水平下土地资源的生产潜力和人口承载潜力。③各部门用地需要量预测。根据规划期间人口增长和社会经济发展趋势，预测各部门用地的需求量。

(4)规划编制内容：①土地利用战略研究。主要探索如何解决土地利用问题，实现规划目标和完成规划任务的途径与步骤，即进行土地利用战略研究。②具体规划方案。土地利用战略确定后，应根据土地利用现状分析、土地利用潜力研究、土地适宜性评价和土地需求量预测结果，调整土地利用的结构和布局，综合平衡国民经济各部门用地，编制土地利用结构平衡表，确定用地规划指标。全国规划中应列出各省的土地利用平衡表；在省级规划中应列出市、县的土地利用结构平衡表；市、县规划除编制土地利用结构平衡表外，还要画出土地利用分区图。③相关规划图纸。必须包括土地利用现状图、土地利用规划图、建设用地区管制分区图、土地整治规划图、重点建设项目用地布局图、中心城区土地利用规划图等。

第三章　城市总体规划实习

城市总体规划是对某一城市一定时期内城市性质、发展目标、发展规模、土地利用、空间布局以及各项建设的综合部署和设施措施。城市总体规划、镇总体规划的规划期限一般为20年。城市总体规划还应当对城市更长远的发展作出预测性安排。

城市总体规划是城乡规划体系中最重要的一类法定规划，城市总体规划的编制相对于其他规划类型，更重视文字、图纸表达的规范性、准确性、科学性。由于总体规划涉及城市的经济、产业、人口、用地、空间以及基础设施等多方面对城市发展有重要影响的内容，因此，要求规划组织者有较为全面、综合的能力，不同专业特长的实习者也往往能在总体规划实习中找到发挥其专业能力的平台。对于本科生而言，城市总体规划实习和后文的城市详细性规划实习，由于涉及资料收集、实习区域全面了解与实地勘察，其实习区域不宜过大，否则难以形成整体印象。一般以一个重点城镇为实习区，该城镇一般具有城镇化进程较快的特点。

按照我国现行的《城乡规划法》的要求，一项规范的城市总体规划包含市域范围内城镇体系规划以及中心市(镇)区总体规划两部分内容，由于城镇体系规划上文已有论述，以下主要探讨中心市(镇)区总体规划部分的内容。

第一节　城市总体规划概述及发展趋势

一、城市总体规划编制程序及技术

城市总体规划应当按照以下程序组织编制：

1. 前期研究

城市人民政府提出编制城市总体规划前，应当对现行城市总体规划以及各专项规划的实施情况进行总结，对基础设施的支撑能力和建设条件做出评价；针对存在问题和出现的新情况，从土地、水、能源和环境等城市长期的发展保障出发，依据全国城镇体系规划和省域城镇体系规划，着眼区域统筹和城乡统筹，对城市的定位、发展目标、城市功能和空间布局等战略问题进行前瞻性研究，作为城市总体规划编制的工作基础。在此基础上，按规定提出进行编制工作的报告，经同意后方可组织编制。其中，组织编制直辖市、省会城市、国务院指定市的城市总体规划的，应当向国务院建设主管部门提出报告；组织编制其他市的城市总体规划的，应当向省、自治区建设主管部门提出报告。

2. 组织编制城市总体规划纲要，按规定提请审查

其中，组织编制直辖市、省会城市、国务院指定市的城市总体规划的，应当报请国务院建设主管部门组织审查；组织编制其他市的城市总体规划的，应当报请省、自治区建设主管部门组织审查。

3. 组织编制城市总体规划成果

依据国务院建设主管部门或者省、自治区建设主管部门提出的审查意见，组织编制城市总体规划成果，按法定程序报请审查和批准。

当今城市是一个庞大而且复杂的系统，是一个处于不断变化中的有机体。为了更好地规划和管理城市，必须采取科学的手法。今天的技术方法的运用已经涵盖了各个层面，包括城市基础的研究、发展前景的预测、规划方案的拟定、规划评估，乃至规划方案过程中和编制后的展示与沟通全过程(吴志强等，2010)。当前，规划技术已经和计算机技术紧密联系在一起，随着计算机技术的进步，规划技术也在日益更新中。常见的城市规划编制软件包括 AutoCAD，Adobe Photoshop，ArcGIS/MapInfo，Erdas/ENVI 等 RS 软件等，也包括一些经济技术指标。规划师在进行城市总体规划时首先要结合规划编制的具体情况选择技术手段，从而强化规划编制过程。其次，如前所述，还需要借助大数据的支持，大数据推动了城市规划在四个方面发生明显转型(甄茂成等，2019)：从“小样本静态”向“多源时空”数据转变；从单一空间尺度向全域空间尺度转变；从“物质空间”向“以人为本”转变；从“人工化”向“智能化”转变。本教材主要从居民时空行为分析、城市交通路网布局优化、城市功能区划分、区域联系和城市等级分析、城市生态环境治理以及城市边界划定等方面梳理城市规划领域中的大数据应用进展。

二、“多规合一”的含义及内容

由于各个规划的空间管制原则和内容有所差异，为了让规划更能落地，需要进行多规协调。多规协调就是将多项规划包括经济社会发展规划、城乡规划、土地利用规划、生态环境规划等规划融合，从而解决现今规划中存在的各类规划自成体系、内容冲突，缺乏衔接协调等问题，使得规划编制更加科学、有效、合理。多规协调中各个规划不会取消，只是进行统筹协调。2014 年由国家发改委、国土资源部、环境保护部、住房和城乡建设部等部委联合印发的《关于开展市县“多规合一”的试点工作的通知》中要求“开展市县空间规划改革试点，推动经济社会发展规划、城乡规划、土地利用规划、生态环境规划“多规合一”，形成一个市县“一本规划、一张蓝图”。由此展开了“多规合一”的规划工作。

开展试点的主要任务是，探索经济社会发展规划、城乡规划、土地利用规划、生态环境保护等规划“多规合一”的具体思路，研究提出可复制、可推广的“多规合一”试点方案，形成一个市县一本规划、一张蓝图。同时，探索完善市县空间规划体系，建立相关规划衔接协调机制。具体任务如下。

1. 合理确定规划期限

统筹考虑法律法规要求和相关规划的特点，探索确定统一协调的规划中期年限和目标年限，作为各类规划衔接目标任务的时间节点。以 2020 年作为规划的中期年限，研究探索将 2025 年或 2030 年作为规划中长期目标年限的可行性和合理性。

2. 合理确定规划目标

把握市县所处的大区域背景，按照市县的不同主体功能定位，以及上位规划的要求，统筹考虑经济社会发展规划、城乡规划、土地利用规划、生态环境保护规划等相关规划目标，研究“多规合一”的核心目标，合理确定指标体系。

3. 合理确定规划任务

按照资源环境承载能力，合理规划引导人口、产业、城镇、公共服务、基础设施、生态环境、社会管理等方面的发展方向与布局重点。探索整合相关规划的空间管制分区，划定城市开发边界、永久基本农田红线和生态保护红线，形成合理的城镇、农业、生态空间布局，探索完善经济社会、资源环境政策和空间管控措施。

4. 构建市县空间规划衔接协调机制

从支撑市县空间规划有效实施的需要出发，提出完善市县规划体系的建议，探索整合各类规划及衔接协调各类规划的工作机制。

三、国土空间规划

为贯彻落实《中共中央 国务院关于建立国土空间规划体系并监督实施的若干意见》(以下简称《若干意见》)，全面启动国土空间规划编制审批和实施管理工作，2019 年 5 月 28 日，自然资源部印发《关于全面开展国土空间规划工作的通知》(以下简称《通知》)。关于国土空间规划工作开展主要包括以下几个阶段。

1. 全面启动国土空间规划编制，实现“多规合一”

各级自然资源主管部门主动履职尽责，建立“多规合一”的国土空间规划体系并监督实施。按照自上而下、上下联动、压茬推进的原则，抓紧启动编制全国、省级、市县和乡镇国土空间规划(规划期至 2035 年，展望至 2050 年)，尽快形成规划成果。自然资源部将印发国土空间规划编制规程、相关技术标准，明确规划编制的工作要求、主要内容和完成时限。各地不再新编和报批主体功能区规划、土地利用总体规划、城镇体系规划、城市(镇)总体规划、海洋功能区划等。已批准的规划期至 2020 年后的省级国土规划、城镇体系规划、主体功能区规划，城市(镇)总体规划，以及原省级空间规划试点和市县“多规合一”试点等，要按照新的规划编制要求，将既有规划成果融入新编制的同级国土空间规划中。

2. 做好过渡期内现有空间规划的衔接协同

对现行土地利用总体规划、城市(镇)总体规划实施中存在矛盾的图斑，要结合国土空间基础信息平台的建设，按照国土空间规划“一张图”要求，做一致性处理，作为国土空间用途管制的基础。一致性处理不得突破土地利用总体规划确定的 2020 年建设用地和耕地保有量等约束性指标，不得突破生态保护红线和永久基本农田保护红线，不得突破土地利用总体规划和城市(镇)总体规划确定的禁止建设区和强制性内容，不得与新的国土空间规划管理要求矛盾冲突。今后工作中，主体功能区规划、土地利用总体规划、城乡规划、海洋功能区划等统称为“国土空间规划”。

3. 明确国土空间规划报批审查的要点

按照“管什么就批什么”的原则，对省级和市县国土空间规划，侧重控制性审查，重点审查目标定位、底线约束、控制性指标、相邻关系等，并对规划程序和报批成果形式做合规性审查。

同时，《通知》也明确了省级国土空间规划审查要点包括：①国土空间开发保护目标；②国土空间开发强度、建设用地规模，生态保护红线控制面积、自然岸线保有率，耕地保有量及永久基本农田保护面积，用水总量和强度控制等指标的分解下达；③主体功能区划分，城镇开发边界、生态保护红线、永久基本农田的协调落实情况；④城镇体系布局，城市群、都市圈等区域协调重点地区的空间结构；⑤生态屏障、生态廊道和生态系统保护格局，重大基础设施网络布局，城乡公共服务设施配置要求；⑥体现地方特色的自然保护地体系和历史文化保护体系；⑦乡村空间布局，促进乡村振兴的原则和要求；⑧保障规划实施的政策措施；⑨对市县级规划的指导和约束要求等。

国务院审批的市级国土空间总体规划审查要点，除对省级国土空间规划审查要点的深化细化外，还包括：①市域国土空间规划分区和用途管制规则；②重大交通枢纽、重要线性工程网络、城市安全与综合防灾体系、地下空间、邻避设施等设施布局，城镇政策性住房和教育、卫生、养老、文化体育等城乡公共服务设施布局原则和标准；③城镇开发边界内，城市结构性绿地、水体等开敞空间的控制范围和均衡分布要求，各类历史文化遗存的保护范围和要求，通风廊道的格局和控制要求；城镇开发强度分区及容积率、密度等控制指标，高度、风貌等空间形态控制要求；④中心城区城市功能布局和用地结构等；⑤其他市、县、乡镇级国土空间规划的审查要点，由各省(自治区、直辖市)根据本地实际，参照上述审查要点制定。

第二节　城市总体布局规划

城市总体规划包括市域城镇体系规划和中心城区规划。编制城市总体规划，应当先组织编制总体规划纲要，研究确定总体规划中的重大问题，作为编制规划成果的依据。城市总体规划的期限一般为 20 年，同时可以对城市远景发展的空间布局提出设想。

一、总体布局方案设计

(一)规划分析

1. 现状分析

格迪斯说过，规划的公式是调研—分析—规划。在现状基础资料收集的基础上，通过加工整理分析城市的现状，包括城市人口、用地规模的现状分析；城市用地开发边界的分析；交通状况的现状分析；公共服务设施的现状分析；基础设施的现状分析；防灾设施的现状分析；公园绿地的现状分析、产业的现状分析；城市环境的现状分析等。

2. 用地条件分析

分析地形、坡度、高程，水体、绿化、气候条件、冲沟、地震、资源有无状况，有状况的话程度情况如何？洪水淹没情况如何？地下水位埋深等。通过土地自然环境适宜性评价，选择用地开发边界，并进行空间管制的划分。

3. 未来判断

结合国民经济五年规划、区域规划、土地利用规划、生态环境规划等上位规划和相关规划，了解城市在区域中的地位和作用，判断城市未来的发展方向，明确城市的性质、规模、具体建设项目。

(二)构思方案

在现状分析的基础上，结合当地历史文化，从城市存在的问题或城市环境或功能区的划分切入，进行方案的构思。

方案构思时要注意心中有形，术中有道，因地制宜，彰显特色，远近结合。

(三)选择总体布局模式

1. 集中型形态

城市建成区主体轮廓长短轴之比<4，是长期集中紧凑全方位发展状态，是最为常见的城市空间形态。

2. 带型形态

城市建成区主体平面形状的长短轴之比>4，并明显呈单向或双向发展，这一类城市形态大多受自然条件或交通干线制约而形成。

3. 放射型形态

城市建成区向三个以上明确的空间方向发展，这类城市大多位于平原地区，且受对外交通干线影响发展而成。

4. 星座型形态

城市总平面是由一个相当大规模的主体团块和三个以上较次一级的基本团块组成的复合式形态。

5. 组团型形态

城市建成区是由两个以上相对独立的主体团块和若干各基本团块组成，这多是由于较大河流或其他地形等自然条件的影响形成的。

6. 散点型形态

城市没有明确的主体团块，各个基本团块在较大区域内呈散点状分布，这种形态往往是资源较分散的矿业城市。

(四)各项用地布局

1. 居住用地布局

居住用地选择自然环境优良、有利于建筑的地形与物质条件的地区，避免选择易受洪水、地震、滑坡、泥石流、沼泽、冲沟发育等不良条件的地区。

选择向阳、通风的地方，尽量接近水面和风景优美的环境。

居住用地的布局要与公共中心、就业区、公园绿地等相结合，协调相互关系，以减少居住—工作、居住—消费、居住—休闲等的出行距离与时间。如与绿地要达到 300m 见绿，500m 入园。

远离污染源。

注重地方文脉与居住方式。

结合房产市场的需求趋向，考虑建设的可行性与效益。

居住用地可以采取集中、分散布置，根据地形特点，选择不同的布局方式。

2. 工业用地布局

有足够的用地面积，用地基本符合工业的具体特点和要求，有方便的交通运输条件，能解决给排水问题。能源充足。

工业区和城市各部分，在各个发展阶段中，应保持紧凑集中，互不妨碍，并充分注意节约用地。相关企业之间应取得较好的联系，开展必要的协作，考虑资源的综合利用，减少市内运输。

一类工业用地可选择在居住用地或公共设施用地附近。

二类工业用地宜单独布置，造成大气污染的工业选择在常年最小风频的上风向、盛行风向的下风向，易造成水体污染的工业布置在河流的下游。在工业用地周围设置绿化隔离带。

三类工业一般布置在城市边缘独立地段，与居住用地之间应有卫生防护带隔离，且严禁在水源地附近选址。

随着环境观念的变化，受地价、外向化、交通的影响以及智能化，工业的布局一般有以下几种形式(图 3-1)。

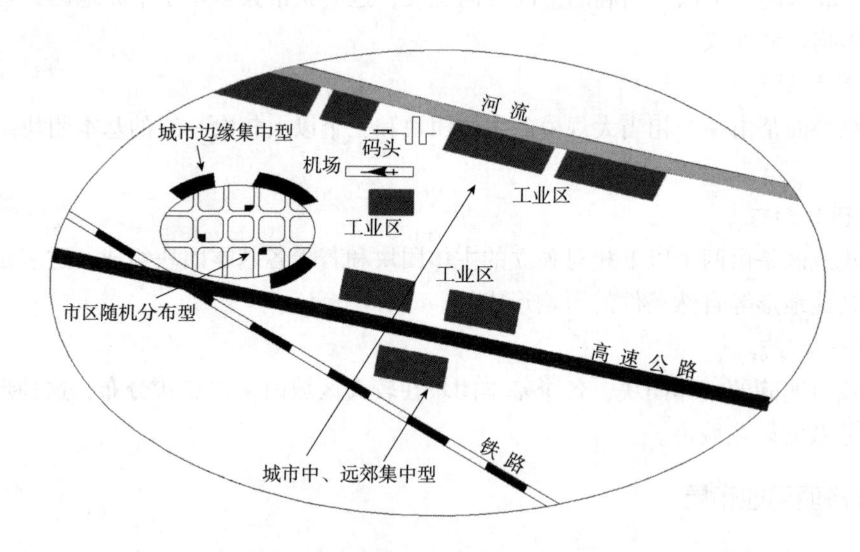

图 3-1　后工业社会工业布局方式

边缘集中型：该类工业一般集中分布于城市边缘区，常常位于高速公路的出入口。形成这种空间分布特征的主要原因是：为了使产品尽可能快地到达全国，甚至是全世界，工业园区的建设强化了这种分布倾向。

随机分布型：该类型大多分布于城市中心区，一般属于市场指向型，典型的工业如服装、印刷、家具、饮料、珠宝、创意设计等。形成这种分布特征的主要原因是：产品标准化困难(如服装工业)、企业规模小(如珠宝、印刷业)等。

中远郊集中型：该类型工业为全国、世界市场型工业，需要广阔的土地及空间，因此布局在城市外围，如化学工业、汽车、航空、先进装备制造等。

3. 公共管理与服务设施用地布局

公共管理与服务设施合理的空间分布是保障社会公共资源公平分配的重要内容。在利用原有设施的基础上，公共管理与服务设施要按照与居民生活的密切程度确定合理的服务半径，结合城市道路与交通规划考虑，根据公共设施本身的特点及其对环境的要求进行布置，同时要考虑城市景观组织的要求，公共设施的分布要考虑合理的建设顺序，并留有余地。

在考虑城市公共服务设施的空间布局、服务层级和服务范围时，应考虑均衡布局，市、区级公共服务设施可集中布局形成各级城市公共服务中心；基层公共服务设施应因地制宜，可引导设施集中布局，联合建设，形成基层服务中心。为方便居民使用公共服务设施，提高设施的服务水平和使用效率，不同层级同类设施布局时应考虑空间分布的均衡性，避免层级间同类设施邻近布局，造成资源浪费。市、区公共服务中心应综合考虑与城市公共交通的良好衔接，引导绿色出行；基层公共服务中心应与慢行系统有机衔接，引导形成城市 15 分钟生活圈。鼓励城市文化、体育、教育、福利设施与城市公共空间系统的衔接。为提高公共服务设施用地集约使用，在满足服务功能、公共安全和交通组织的前提下，鼓励城市公共服务设施充分利用地上、地下空间。

4. 商业金融业用地

选址在交通便利、人流集中的地段，但不宜沿城市主干道两侧布局。以人口规模与服务半径为依据合理布置市级、区级、地区级商业设施。注意停车、防火、环境、公共厕所等问题。

5. 物流仓储用地

满足仓储用地的一般技术要求：地势高亢，地形平坦，有一定的坡度，利于排水。地下水位不能太高，不应将仓库布置在潮湿的洼地上。土壤承载力高，特别当沿河修建仓库时，应考虑到河岸的稳固性和土壤的耐压力。有利于交通运输。沿河布置仓库时，必须留出岸线，照顾城市居民生活、游憩利用河(海)岸线的需要。与城市没有直接关系的储备、转运仓库应布置在城市生活居住区以外的河(海)岸边。注意城市环境保护，防止污染，保证城市安全，应满足有关卫生、安全方面的要求。

小城市宜设置独立的地区来布置各种性质的仓库。特别是县镇，用地范围不大，但由于它们是城乡物资交流集散地，需要各类仓库及堆场，而且一般储备量较多，占地较大，因此，宜较集中地布置在城市的边缘，靠近铁路车站、公路或河流，便于城乡集散运输。要防止将这些占地大的仓库放在市区，造成城市布局的不合理及使用的不便。在河道较多的小城镇，城乡物资交流大多利用河流水运，仓库也多沿河设置。

大、中城市仓储区的分布应采用集中与分散相结合的方式。可按照专业将仓库组织成各类仓库区，并配置相应的专用线、工程设施和公用设备，并按它们各自的特点与要求，在城市中适当分散地布置在恰当的位置。

此外，由于一些仓库建筑的体型有独特的形式，成为影响城市面貌的因素之一，特别是当这些建筑沿河布置时，成为城市轮廓线的组成部分。因此，建筑体型在规划布局中也是一个不可忽视的因素。

6. 道路与交通设施用地

按照城市用地功能组织的要求，构建城市“骨架”。以用地功能组织为前提，合理划分、联系各分区、用地类型及不同分钟的生活圈。组织城市景观，并与绿地系统和城市建筑紧密协调。提出差别化的停车分区规划指引。

满足交通运输的要求。按道路等级、性质、功能等合理布局形成线形顺畅、布局合理的道路骨架，达到通和达的要求。

满足城市环境和景观的要求。道路本身是线性景观，通过道路线形的设计，结合周围的建筑景观、园林景观等设置道路景观。同时结合城市夏季的风向、朝向等布置城市道路。

满足布设基础设施的要求。满足给排水、电力、供热等管线的布设，以及路灯、道路小品的建设要求。

场站的位置结合居民的出行方向、对外交通设计来进行布置。铁路客运站中小城市一般布置在城市边缘，大城市布置在城市中心区边缘。汽车站中小城市可与铁路站结合一起布置，大城市按出行方向，多方位布置，并注意与城市干道的合理组织。

7. 绿地与广场用地

结合江河湖面、山川丘陵、道路系统、居住用地综合布局。要使居民方便到达和使用，选择树木较多、名胜古迹以及革命历史文物的所在地。

公园绿地的布置要满足300m见绿，500m入园的要求。服务半径合理，形成点、线、面综合布局的绿地系统。

各项城市建设用地要对现状及规划的用地面积、所占比例、人均指标进行统计分析（表3-1）。相关要求要符合《城乡用地分类与规划建设用地标准》（GB 50137—2011）。

表3-1 城市建设用地平衡表

<table>
<tr><th rowspan="2">用地代码</th><th rowspan="2" colspan="2">用地名称</th><th colspan="2">用地面积（hm^2）</th><th colspan="2">占城市建设用地比例（%）</th><th colspan="2">人均城市建设用地面积（m^2/人）</th></tr>
<tr><th>现状</th><th>规划</th><th>现状</th><th>规划</th><th>现状</th><th>规划</th></tr>
<tr><td>R</td><td colspan="2">居住用地</td><td></td><td></td><td></td><td></td><td></td><td></td></tr>
<tr><td rowspan="10">A</td><td colspan="2">公共管理与公共服务设施用地</td><td></td><td></td><td></td><td></td><td></td><td></td></tr>
<tr><td rowspan="9">其中</td><td>行政办公用地</td><td></td><td></td><td></td><td></td><td></td><td></td></tr>
<tr><td>文化设施用地</td><td></td><td></td><td></td><td></td><td></td><td></td></tr>
<tr><td>教育科研用地</td><td></td><td></td><td></td><td></td><td></td><td></td></tr>
<tr><td>体育用地</td><td></td><td></td><td></td><td></td><td></td><td></td></tr>
<tr><td>医疗卫生用地</td><td></td><td></td><td></td><td></td><td></td><td></td></tr>
<tr><td>社会福利用地</td><td></td><td></td><td></td><td></td><td></td><td></td></tr>
<tr><td>文物古迹用地</td><td></td><td></td><td></td><td></td><td></td><td></td></tr>
<tr><td>外事用地</td><td></td><td></td><td></td><td></td><td></td><td></td></tr>
<tr><td>宗教用地</td><td></td><td></td><td></td><td></td><td></td><td></td></tr>
</table>

（续）

用地代码	用地名称		用地面积（hm^2）		占城市建设用地比例（%）		人均城市建设用地面积（m^2/人）	
			现状	规划	现状	规划	现状	规划
B	商业服务业设施用地							
	其中	商业设施用地						
		商务设施用地						
		娱乐康体用地						
		其他服务设施用地						
M	工业用地							
W	物流仓储用地							
S	道路与交通设施用地							
U	公用设施用地							
G	绿地与广场用地							
	其中	公园绿地						
		防护绿地						
		广场用地						
H	城市建设用地				100	100		

二、总体规划成果内容

城市总体规划的成果应当包括规划文本、图纸及附件（说明、研究报告和基础资料等）。在规划文本中应当明确表达规划的强制性内容。

规划文本是对规划的目标、原则和内容提出规定性和指导性要求的文件。

附件是对规划文本的具体解释，包括说明书、专题规划报告和基础资料汇编。

（一）规划内容要求

包括现状和规划基础、规划期限、规划范围和空间层次、发展战略和目标、空间格局和功能布局、要素配置和支撑系统等。

强制性内容分类管控要求应在文本中单独成文。

1. 一类强制性内容

须在城市总体规划中落实坐标界线，包括：①城市、镇开发边界，生态控制线。②重点绿线：包括城市结构性生态绿廊，中心城区内重要的城市公园（原则上为公园面积 $4hm^2$ 以上），重要的滨水绿地（原则上为平均宽度 20m 以上），以及规划认为需要进行重点控制的其他绿地绿线。③重点蓝线：包括中心城区内县级以上河道，小（二）型及以上水库，重要的湖塘（原则上常水位水域面积 $4hm^2$ 以上），城市重要景观河道以及规划认为需要进行重点控制的其他城市河湖水系蓝线。④重点紫线：包括中心城区内

历史文化街区保护范围，世界文化遗产保护范围以及规划认为需要进行重点控制的其他历史文化遗产紫线。

2. 二类强制性内容

结合城市规模可在城市总体规划中落实坐标界线，或者落实主要走向、布局等管控要求，并在分区规划、控制性详细规划等下层次规划中落实坐标界线，包括：①城市规划建设用地边界；②重点黄线：包括中心城区内城市交通枢纽场站、轨道交通车辆基地以及城市水厂、污水处理厂、城市发电厂、220kV以上变电站、高压走廊、城市气源、城市热源、城市通信设施等市、县级以上市政基础设施，城市规划区(县、市域)市、县级以上垃圾处理、殡葬等邻避设施，涉及城市安全的重要设施范围、通道，危险品生产和仓储用地的防护范围，以及规划认为需要进行重点控制的其他城市基础设施用地黄线。③重点道路红线：中心城区内城市快速路、城市主干路的道路红线。④重点橙线：中心城区内市、县级以上教育、卫生、文化、体育等设施，以及规划认为需要进行重点控制的其他公共服务设施用地边界。

3. 三类强制性内容

三类强制性内容是指一、二类强制性内容以外的其他强制性内容(包括一般性的绿线、蓝线、紫线、黄线、道路红线、橙线，涉及城市安全和环境保护的标准，城市总体规划指标体系中的约束性指标等)，应参照国家有关规定予以确定，在保障总量规模与服务水平的基础上，具体坐标界线在分区规划、控制性详细规划等下层次规划优化落实。

(二)城市(镇)总体规划的主要图纸

(1)现状图：包括城乡用地现状图和中心城区用地现状图以及其他现状图。图纸比例：大中城市可用1∶25 000~1∶10 000，小城市可用1∶5000。标明城市主要建设用地范围、主要干道，以及重要的基础设施。

(2)新建城市和城市新发展地区应绘制城市用地工程地质评价图：图纸比例同现状图。

(3)城市总体规划的各规划图：其中至少应包括中心城区土地利用规划图、中心城区功能结构分析图、中心城区公共设施规划图、中心城区居住用地规划图、中心城区对外交通设施规划图、中心城区道路系统规划图、中心城区绿地系统结构图等。表达规划建设用地范围内的各项规划内容，图纸比例同现状图。

(4)近期建设规划图：图纸比例同现状图。

(5)各项市政专业规划图：图纸比例同现状图。

(6)城市规划区各项规划图：其中至少应包括城市规划区范围图、城市规划区城乡统筹规划图、城市规划区空间管制规划图、城市规划区重大设施规划图等。图纸比例为1∶50 000~1∶25 000。

图纸均应包括以下通用要素：

①图框　包括项目名称、图纸名称、风玫瑰图、比例尺、图例、组织编制主体、设计单位。

②底图　中心城区范围地形图采用“2000国家大地坐标系”，比例应达到1∶2000以上。

③行政界线及标注　省级、市级、县(区)、乡镇、行政村(市区)行政界线及相应行

政区名称标注。

第三节　城市绿地系统规划

一、城市绿地分类

根据 CJJT 85—2017《城市绿地分类标准》，按主要功能，城市绿地分为公园绿地、防护绿地、广场用地、附属绿地、区域绿地五大类。包括了城市建设用地内的绿地与广场用地和城市建设外的区域绿地两部分。

绿地分类采用大类、中类、小类三个层次，类别采用英文字母组合表示或英文字母与阿拉伯数字组合表示。

1. 公园绿地

公园绿地是指向公众开放，以游憩为主要功能，兼具生态、景观、文教和应急避险等功能，有一定游憩和服务设施的绿地。它是城市建设用地、城市绿地系统和城市绿色基础设施的重要组成部分，是表示城市整体环境水平和居民生活质量的一项重要指标。

公园绿地包含了综合公园（规模宜大于 $10hm^2$）、社区公园（规模宜大于 $1hm^2$）、专类公园、游园（带状游园的宽度宜大于 12m；绿化占地比例应大于或等于 65%）等。

2. 防护绿地

防护绿地是指用地独立，具有卫生、隔离、安全、生态防护功能，游人不宜进入的绿地。主要包括卫生隔离防护绿地、道路及铁路防护绿地、高压走廊防护绿地、公用设施防护绿地等。

3. 广场用地

广场用地是指以游憩、纪念、集会和避险等功能为主的城市公共活动场地。绿化占地比例宜大于或等于 35%；绿化占地比例大于或等于 65%的广场用地计入公园绿地。

4. 附属绿地

附属绿地是指附属于各类城市建设用地（除“绿地与广场用地”）的绿化用地。包括居住用地、公共管理与公共服务设施用地、商业服务业设施用地、工业用地、物流仓储用地、道路与交通设施用地、公用设施用地等用地中的绿地。

5. 区域绿地

区域绿地是指位于城市建设用地之外，具有城乡生态环境及自然资源和文化资源保护、游憩健身、安全防护隔离、物种保护、园林苗木生产等功能的绿地。它不参与建设用地汇总，不包括耕地。

二、城市绿地系统规划

（一）规划原则

因地制宜，充分利用城市现状、山水地形和植被等条件，合理确定系统布局形式，反映城市风貌。重视城市内外自然山水地貌特征，发挥自然环境条件优势，同时深入挖掘城市历

史文化内涵，结合城规，综合考虑，统筹安排，形成城市园林绿地系统布局结构和特色。

做到四个结合：点(公园、游园)、线(街道绿化、游憩林荫带、滨水绿带)、面(分布广大的小块绿地)大小相结合，集中与分散相结合，重点与一般相结合形成有机的绿色网络体系。

公园绿地布局首先应满足居民游憩的需要，城市各级综合性公园和专类公园的布置，应符合均布率要求。城市防护绿地应满足工业卫生、生态保护、交通地带和城市组团的防护要求。

应合理确定近期和远期规划，做到远近结合。

(二)绿地系统布局结构模式

绿地系统常见的布局结构模式有：点状、环状、网状、楔状、放射、放射环状、带状、指状(图 3-2)。

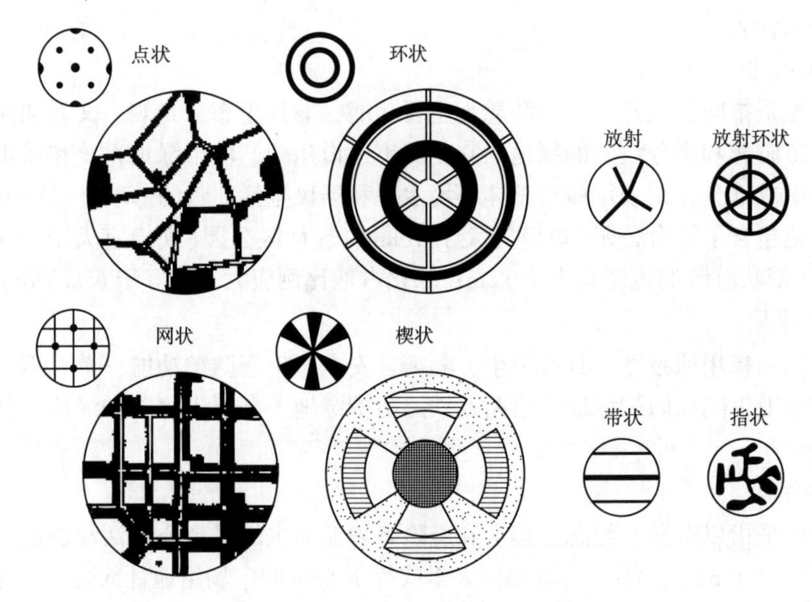

图 3-2　绿地系统常见布局结构模式

1. 点状绿地布局

这类情况多出现在旧城改建中，早期运用较多。如上海、天津、武汉、青岛、大连。可做到均匀分布，接近居民。

2. 带状(廊状)绿地布局

这种布局多数用于利用河湖水系、城市道路、旧城墙等因素，形成纵横向绿带、放射状绿带与环状绿地交织的绿网。这种布局容易表现城市的艺术面貌和改善城市环境，在城市生态系统中发挥着重要作用。

3. 环状绿地布局

在外形上呈现环形状态，一般出现在城市较为外围的区域，多与城市交通线同时布局。多以防护绿带、郊区森林、风景游览地的形式出现。这种布局对改善城市生态环境作用突出；有利于控制城市结构规模。

4. 楔形绿地布局

凡城市中由城市外围伸入市中心的由宽到狭的绿地，称为楔形绿地。多结合放射交通

线、河流、自然山体布置，还应考虑和城市的主导风向一致，使城市外围空气进入。这种布局能达到城市通风条件，改善小气候的作用突出；有利于城市艺术面貌的体现。

5. 绿心状绿地布局

在城市中心区域布局大片中央绿地，用以取代传统的拥挤喧闹的城市中心区，通常称为“绿心”或“绿肺”。可以有效改善中心区的生态环境，如降低热岛效应，提供氧源；有利于为城市居民提供更多的游憩空间；有利于在城市中心形成更好的城市景观。

6. 混合式绿地布局

一些城市根据自身的实际情况，将以上几种基本模式加以组合，可以组成许多新的布局模式。

由公园、湖面形成的绿地斑块、河道，街道形成的绿色廊道及农田、防风林、荒山形成的郊野基质，最终可共同构成一个带形相接的绿化系统形态模式，在完善绿化系统服务功能的同时满足生态城市规划设计的要求。

三、城市绿地指标

绿地的主要统计指标为绿地率、人均绿地面积、人均公园绿地面积、城乡绿地率，具体计算公式如下：

1. 绿地率

绿地率指城市中绿地面积占城市用地面积的比率。

$$\lambda_g = [(A_{g1}+A_{g2}+A_{g3'}+A_{xg})/A_c]\times 100\%$$

式中：λ_g——绿地率(%)；

A_{g1}——公园绿地面积(m^2)；

A_{g2}——防护绿地面积(m^2)；

$A_{g3'}$——广场用地中的绿地面积(m^2)；

A_{xg}——附属绿地面积(m^2)；

A_c——城市的用地面积(m^2)。

2. 人均绿地面积

人均绿地面积指城市中每个居民平均占有城市绿地的面积。

$$A_{gm} = (A_{g1}+A_{g2}+A_{g3'}+A_{xg})/N_p$$

式中：A_{gm}——人均绿地面积(m^2/人)；

A_{g1}——公园绿地面积(m^2)；

A_{g2}——防护绿地面积(m^2)；

$A_{g3'}$——广场用地中的绿地面积(m^2)；

A_{xg}——附属绿地面积(m^2)；

N_p——人口规模(人)，按常住人口进行统计。

3. 人均公园绿地面积

人均公园绿地面积指城市中每个居民平均占有城市公园绿地的面积。

$$A_{g1m} = A_{g1}/N_p$$

式中：A_{g1m}——人均公园绿地面积（m^2/人）；

A_{g1}——公园绿地面积（m^2）；

N_p——人口规模（人），按常住人口进行统计。

4. 城乡绿地率

$$\lambda_G=[(A_{g1}+A_{g2}+A_{g3'}+A_{xg}+A_{eg})/A_c]\times100\%$$

式中：λ_G——城乡绿地率（%）；

A_{g1}——公园绿地面积（m^2）；

A_{g2}——防护绿地面积（m^2）；

$A_{g3'}$——广场用地中的绿地面积（m^2）；

A_{xg}——附属绿地面积（m^2）；

A_{eg}——区域绿地面积（m^2）；

A_c——城乡的用地面积（m^2）。

5. 服务半径

服务半径指公园入口到游人住地的距离。

6. 绿量

绿量指绿地中植物生长的茎、叶所占据的空间体积的量（m^3），是应用遥感和计算机技术测定和统计的立体绿量。

四、树种规划

1. 树种规划原则

①以乡土树种为主。乡土树种对土壤、气候的适应性强，苗源多、易成活，具有地方特色，如市花、市树等。

②选择抗性强的树种。

③既有观赏价值，又有经济价值，绿化结合生产来进行设置。

④速生树与慢生树相结合，近期以速生树为主。

⑤骨干树种营造特色，多样性树种营造景观。

2. 确定树种

基调树种是指各类园林绿地均要使用的、数量最大，能形成全城统一基调的树种，一般以1~4种为宜，应为本地区的适生树种。

骨干树种是指在园林绿化中发挥主干作用的树种。在广泛调查和查阅历史资料的基础上，针对立地条件选择骨干树种，如城市干道的行道树种类。骨干树种是城市绿化中应用最多、构成城市景观基本框架的树种。它必须是反映城市风貌、突出城市景观特色的树种，因此，也应该是适应性强、生长表现良好、深受市民欢迎的树种。

地被、草坪是指某些有一定观赏价值，铺设于大面积裸露平地或坡地，或适生于阴湿林下和林间隙地等各种环境覆盖地面的多年生草本和低矮丛生、枝叶密集或偃伏性或半蔓性的灌木以及藤本。

与此同时，要积极引进外来新树种，特别是在类似自然地理条件下分布的树种和已被

证明能适应当地条件的树种，以丰富绿化树种的组成。还可以利用局部小地形和小气候进行引种栽培。

在坚持以地带性树种为主的前提下，可选择不同生活型、生长型和生境类型的植物种，同时重点考虑与野生动物生存密切相关的树种，以丰富城市绿地系统物种多样性，增加绿地系统的稳定性(朱旺生，2011)。

3. 确定树种合理的比例关系

地带性自然植被群落树种比例是在大气侯条件下形成的，具有稳定性。依照地带性植被所蕴涵的自然规律，科学确定城市人工植被的树种比例关系，是维持本地区生态环境的基础，也是区域植被规律特色的体现。合理确定常绿树与落叶树，速生树与慢长树，乔木、灌木与草花等之间的比例。

4. 古树名木

古树名木一般是指在人类历史过程中保存下来的年代久远或具有重要科研、历史、文化价值的树木。古树是指树龄在100年以上的树木。名木是指国内外稀有的以及具有历史价值和纪念意义及重要科研价值的树木。名木古树分为两级：一级是指树龄在300年以上的古树以及特别珍稀或具有重要历史价值和纪念意义的名木；二级是指树龄在100~300年的古树以及其他比较珍贵或具有历史价值的名木。

对古树名木要进行：①挂牌登记管理；②技术养护管理；③划定保护范围；④加强立法工作和执法力度。

第四节　道路交通规划

城市道路交通规划是指对城市交通的历史与现状调查，预测城市在未来的人口、社会经济发展和土地利用条件下对交通的需求，规划设计与之相适应的交通网络体系，以及对拟建立的交通网络体系编制实施建议、进度安排、财务预算和进行经济分析的工作过程。是城市规划的核心组成部分，是决定城市发展骨架的重要专项规划。道路交通规划的具体步骤包括：①对现状道路系统进行调查分析。②根据城市总体规划要求确定道路网结构及交通组织方案。③确定道路横断面形式，并进行设计。④道路中心线坐标定位：尽量减少对永久性建筑物的拆除，选定交叉口和主要转点、弯道半径、计算控制点坐标。⑤确定交叉口形式及转角半径、分隔导向岛的尺寸、曲线等。⑥道路竖向规划(控制点高程确定、坡度等)。⑦公共交通系统规划：确定城市公共客运交通车辆数和客运交通路线网；慢行交通系统规划：自行车(绿道)、步行等；物流及货运系统规划：现状货流调查、货运线路、货运枢纽点(集散点)等。⑧静态交通规划设计：停车场、站等。⑨相关要素的规划设计。

一、城市道路网结构

(一)城市道路的分类

道路按其在路网中的地位、交通功能以及对沿线的服务功能等，分为快速路、主干路、次干路和支路四个等级。

1. 快速路

一般设在大城市、特大城市、带形城市，是城市客货流运行的命脉。设计时速为60km/h，80km/h，100km/h。

2. 主干路

是街道的主骨架，联系城市各个区。设计时速为40km/h，50km/h，60km/h。

3. 次干道

为联系主要道路之间的辅助性干道。设计时速为30km/h，40km/h，50km/h。

4. 支路

生活区道路，设计时速为20km/h，30km/h，40km/h。

(二)路网结构

城市道路网的形式和布局，应根据土地使用、客货交通源和集散点的分布、交通流量流向，并结合地形、地物、河流走向、铁路布局和原有道路系统，因地制宜地确定。

(1)方格网道路(棋盘式道路)：有纵横交错的道路以近于直角相交，形成格网状的道路系统。适用于地形平坦的中小城市和大城市的局部地区。

(2)环形放射状道路系统：由环路和放射状道路系统组成。一般适用于大城市和特大城市。

内环路应设置在老城区或市中心区的外围；外环路宜设置在城市用地的边界内1~2km处，当城市放射的干路与外环路相交时，应规划好交叉口上的左转交通；大城市的外环路应是汽车专用道路，其他车辆应在环路外的道路上行驶；环路设置，应根据城市地形、交通的流量流向确定，可采用半环或全环；环路的等级不宜低于主干路。

(3)自由式道路系统：结合地形形式，自由布置道路系统。一般适用于地形复杂的山地丘陵城市。

(4)混合式道路系统：在棋盘式道路系统的基础上加上环形放射状和自由式等，形成混合式道路系统。

二、城市道路横断面

横断面是指沿道路宽度方向垂直于道路中心线所做的断面。

1. 横断面的组成(图3-3)

横断面由以下几部分组成：车行道(机动车道与非机动车道)、人行道、分隔带。

2. 横断面的形式

横断面的形式根据车行道的情况分为一块板、两块板、三块板、四块板等形式(图3-4~图3-7)。

三、城市道路交叉口

1. 平面交叉

道路在同一平面上进行交叉，交叉口形式有十字型、X型、Y型、丁字、多路交叉等形式。

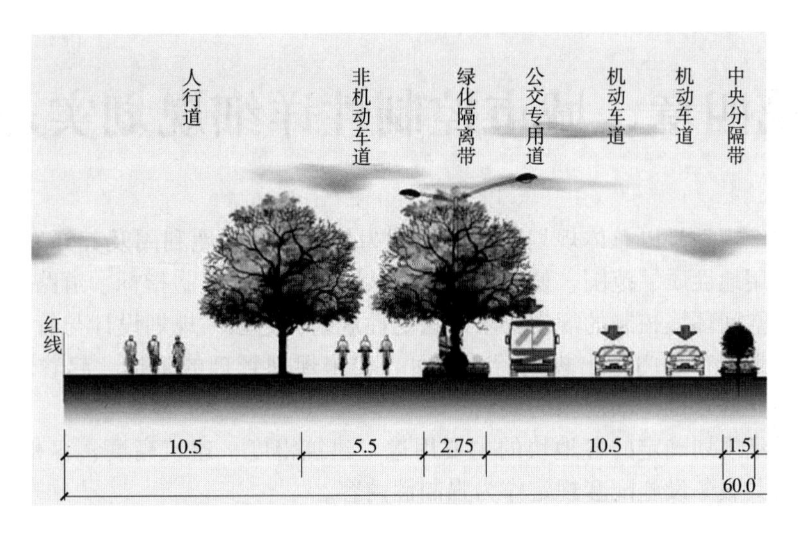

图 3-3　道路横断面组成内容(单位：m)

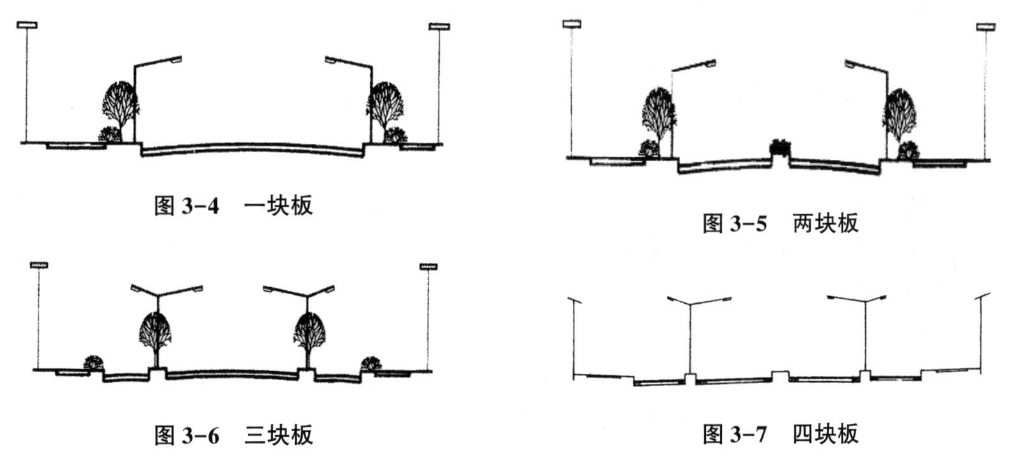

图 3-4　一块板

图 3-5　两块板

图 3-6　三块板

图 3-7　四块板

2. 立体交叉

立体交叉可分为分离式立交和互通式立交两大类。

分离式立交是指两条道路相交，但不相通。

第四章　城市控制性详细规划实习

控制性详细规划是以总体规划或分区规划为依据，以土地利用及其开发控制为重点，详细规定建设用地性质、范围、使用强度、公共配套设施等控制指标、道路和工程管线控制性定位以及空间环境控制的规划要求的法定性规划，它强调规划设计与管理的衔接和落实，是城乡规划主管部门作出规划行政许可、实施规划管理的依据，起着承上启下的作用，并以此指导修建性详细规划的编制。

控制性详细规划确定的各地块的主要用途、建筑密度、建筑高度、容积率、绿地率、基础设施和公共服务设施配套规定作为强制性内容。

第一节　城市控制性详细规划的编制程序及要求

一、任务书的编制

1. 任务书的提出

根据城市建设发展和城市规划实施管理的需要，由控制性详细规划编制主体(包括城市人民政府城乡规划主管部门，县人民政府城乡规划主管部门及镇人民政府)制定控制性详细规划编制任务书。

2. 任务书的编制

包括受托编制方的技术力量要求，资格审查要求；规划项目相关背景情况，项目规划依据、规划意图要求、规划时限要求；评审方式及参与规划设计项目单位设计费用等事项。

二、编制过程及要求

分为五个阶段：项目准备阶段、现场勘探与资料收集阶段、方案设计阶段、成果编制阶段、上报审批阶段。

1. 项目准备阶段

①熟悉合同文本，了解项目委托方情况。明确合同中双方各自的权利与义务；

②了解进行项目所具备的条件；

③编制项目工作计划与技术工作方案；

④安排项目所需专业人员；

⑤确定与委托方的协作关系。

2. 现场勘探与资料收集阶段

①实地考察规划地区的自然条件，现状土地的使用情况，土地权属占有情况，绘制现状图，现状图纸绘制应按相应要求进行；

②实地考察现状基础设施状况，建筑状况；

③实地考察规划地区的周围环境；

④实地考察规划地区内文物保护单位和拟保留的重点地区、地段与构筑物的现状与周围情况；

⑤走访相关单位；

⑥实地考察规划地区所在城市概貌。

3. 方案设计阶段

(1)方案比较：方案编制初期要有至少2个以上方案进行比较和经济技术论证。

(2)方案交流：方案提出后要与委托方进行交流，向委托方汇报规划构思，听取相关专业技术人员、建设单位和规划管理部门的意见，并就一些规划原则问题做深入沟通；在此过程中同时应当采取公示、征询等方式，充分听取规划涉及的单位、公众的意见。

(3)方案修改：根据多方达成的意见进行方案修改，必要时做补充调研。

(4)意见反馈：修改后的方案提交委托方再次听取意见，对方案进行修改，直到达成共识，转入成果编制阶段，对公众参与的有关意见采纳结果予以公布。

4. 成果编制阶段

控制性详细规划成果应包括规划文本、图件和附件。图件由图纸和图则两部分构成，规划说明、基础资料和研究报告收入附件。

5. 规划审批阶段

城市控制性详细规划由城市人民政府审批，分为以下三步。

(1)成果审查：控制性详细规划项目在提交成果时一般要先召开成果汇报会后再上报审批，重要的控制性详细规划项目要经过专家评审会审查和城市规划委员会审议后再上报审批。

(2)上报审批：已编制并批准分区规划的城市控制性详细规划，除重要的控制性详细规划由城市人民政府审批外，可由城市人民政府授权城市规划管理部门审批。

(3)成果修改：若要对已批准的城市控制性详细规划进行修改，组织编制机关应对修改的必要性进行论证，征求规划地段内利害关系人的意见，严格执行《城乡规划法》，方可编制修改方案。修改后的控制性详细规划，应当按原审批程序报批。控制性详细规划修改如涉及城市总体规划、镇总体规划的强制性内容，应当先修改总体规划(吴志强等，2010)。

第二节　控制性指标确定

规划控制体系的内在构成是规划控制体系建立的基础。其内在构成包括土地使用、环境容量、建筑建造、城市设计引导、配套设施和行为活动六个方面。这六个方面的内容基本概括了城市建设活动的主要作用。

一、控规控制内容

1. 土地使用控制

土地使用控制即是对建设用地上的建设内容、位置、面积和边界范围等方面做出规定。其具体控制内容包括用地性质、用地使用相容性、用地边界和用地面积等。用地使用性质按《城市用地分类与规划建设用地标准》(GB 50137—2011)规定建设用地上的建设内容。用地使用相容性(土地使用兼容)通过土地使用性质兼容范围的规定或适建性要求，给规划管理提供一定程度的灵活性。

2. 环境容量控制

环境容量控制即是为了保证良好的城市环境质量，对建设用地能够容纳的建设量和人口聚集量作出合理规定。其控制指标一般包括容积率、建筑密度、人口密度、人口容量、绿地率和空地率等。容积率和建筑密度分别从空间和平面上规定了建设用地的建设量；人口密度规定了建设用地上的人口聚集量；绿地率和空地率表示出公共绿地和开放空间在建设用地里所占的比例。这几项控制指标分别从建筑、环境和人口三个方面综合、全面地控制了环境容量。

3. 建筑建造控制

建筑建造控制即是为了满足生产、生活的良好环境条件，对建设用地上的建筑物布置和建筑物之间的群体关系作出必要的技术规定。其主要控制内容有高度控制、建筑间距、建筑后退、沿路建筑高度、相临地段的建筑规定等，同时还包括消防、抗震、卫生防疫、安全防护、防洪以及其他专业的规定(如机场净空、微波通道等)。

4. 城市设计引导

城市设计引导多用于城市中的重要景观地带和历史文化保护地带，即是为了创造美好的城市环境，依照空间艺术处理和美学原则，从城市空间环境对建筑单体和建筑群体之间的空间关系提出指导性综合设计要求和建议，乃至用具体的城市设计方案进行引导。

建筑单体环境的控制引导，一般包括建筑风格形式、建筑色彩、建筑高度等内容，另外还包括绿化布置要求及对广告、霓虹灯等建筑小品的规定和建议。建筑色彩一般从色调、明度和彩度上提出控制引导要求，建筑体量一般从建筑竖向尺度、建筑横向尺度和建筑形体 3 方面提出控制引导要求。对商业广告、标识等建筑小品的控制则要规定其布置内容、位置、形式和净空界限等。

5. 配套设施控制

配套设施是生产、生活正常进行的保证，配套设施控制即是对居住、商业、工业、仓储等用地上的公共设施和市政设施建设提出定量配置要求。包括公共设施配套和市政公用设施配套。公共设施配套一般包括文化、教育、体育、公共卫生等公共设施和商业、服务业等生活服务设施的配置要求，市政设施配套包括给水、排水、电力、通信及机动车和非机动车停车场(库)以及基础设施容量规定等。配套设施控制应按照国家和地方规范(标准)作出规定。

6. 行为活动控制

行为活动控制即是从外部环境的要求，对建设项目就交通活动和环境保护两方面提出控制要求。

交通活动的控制在于维护交通秩序，其规定一般包括规定允许出入口方向和数量，交通运行组织规定，地块内允许通过的车辆类型，以及地块内停泊位数量和交通组织、装卸场地规定、装卸场地位置和面积等。

环境保护的控制则是通过限定污染物排放量最高标准，来防治在生产建设或者其他活动中产生的废气、废水、废渣、粉尘、有毒有害气体、放射性物质以及噪声、震动、电磁波辐射等对环境的污染和危害，以达到环境保护的目的，这方面控制应与当地环境保护部门的相关要求相结合。

二、控规指标体系

控制性详细规划的指标分为规定性指标和引导性指标。规定性指标一般为刚性内容，主要规定“允许做什么”“不允许做什么”“必须做什么”等；引导性指标一般为弹性内容，主要规定“可以做什么”“最好做什么”“怎么做更好”等，具有一定的适应性与灵活性。控规的核心意图，就是达到刚性控制与弹性引导的统一(王飞，2009)。

1. 规定性指标

包括用地性质、建筑密度、建筑控制高度、容积率、绿地率、基础设施和公共服务设施配套、停车泊位、交通出入口方位、建筑后退红线距离、支路的红线位置、支路的控制点坐标与标高等。

用地性质：即土地的主要用途，如一类住宅用地(R1)、广场用地(G3)等，在做控规时，将规划区用地分至小类，无小类的分至中类。

建筑密度：指地块内各类建筑的基底总面积与规划地块面积的比率(%)。建筑密度的确定要考虑区位条件、用地性质、土地级差、建筑群体空间控制要求等(参照表 4-1 规定)。

建筑控制高度：指满足日照、通风、城市景观、历史文物保护、机场净空、高压线、微波通道等限高要求的允许的最大建筑高度(m)。

容积率：指地块内各类建筑的建筑总面积与地块面积的比率。容积率的确定要考虑用地性质、土地级差、建筑高度、建筑密度等因素(参照表 4-1 规定)。

表 4-1 建筑密度与容积率控制指标 *

类别	旧区				新区	
	中心区		一般地区		建筑密度	容积率
	建筑密度	容积率	建筑密度	容积率		
R 低层住宅	30%~35%	0.6~1.0	25%~32%	0.5~0.8	25%~30%	0.5~0.7
R 低层住宅	25%~28%	1.2~1.7	25%~28%	1.0~1.6	25%~28%	1.0~1.5
B 多层办公	30%~35%	1.5~2.5	25%~32%	1.2~2.2	25%~30%	1.2~2.0
B 多层商业	35%~40%	1.5~2.5	25%~35%	1.2~2.2	25%~30%	1.2~2.0
BR 多层商住	25%~35%	1.5~2.5	25%~30%	1.5~2.0	20%~30%	1.2~1.8

注：大城市高层建筑的容积率可在此基础上上浮 50%~100%；新区宜取下限值。

绿地率：地块内各类绿地的总面积与地块面积之比(%)。绿地率的确定要考虑区位条件、用地性质、城市性质等因素(参照表 4-2 规定)。

* 资料来源：李斌，范春等，《人文地理与城乡规划专业规划实习教程》。

表 4-2　绿地率控制指标 *

类　别		新城区		老城区	
		一般城市	风景旅游城市	一般城市	风景旅游城市
住　宅		>32%	>40%	>30%	>35%
公建	商服中心	>25%	>30%	>20%	>25%
	医疗卫生	>35%	>40%	>35%	>40%
	大专院校	>35%	>40%	>35%	>40%
	其　他	>30%	>35%	>25%	>30%
工业	一类工业	>25%	>30%	>20%	>25%
	其他工业	>30%	>35%	>30%	>35%
仓　库		>20%	>25%	>20%	>25%
其　他		>20%	>25%	>15%	>20%

注：中小城市和山区城镇在此基础上可上浮 3%~5%。

2. 引导性指标

包括人口容量、建筑形式、体量、风格要求，建筑色彩要求和其他环境要相协调。

三、地块控制指标统计样本(表 4-3)

表 4-3　地块控制指标一览表**

地块编号	用地性质代码	用地面积（万 m²）	建筑面积（m²）	容积率	绿地率（%）	建筑密度（%）	建筑限高（m）	停车泊位≥(位)		预测居住户数（户）	预测居住人口（人）	备　注	附建设施
								机动车	自行车				

* 资料来源：李斌，范春，等《人文地理与城乡规划专业规程实习教程》。

** 资料来源：《浙江省控制性详细规划图集编制导则》。

第五章　居住区修建性详细规划实习

《雅典宪章》中指出城市有居住、工作、游憩、交通四大功能，其中居住功能是城市聚落最主要的功能，居住区是指城市中住宅建筑相对集中布局的地区。学生在实习过程中，可以先参观各种类型的居住区，如低层居住区、多层居住区、高层居住区或各种层数混合修建的居住区。然后选择一处学生较为熟悉的区块，可以是控规实习区的地块，也可以是学生生活比较熟悉的区块。本教材选择的是编者学校所在城市——杭州市临安区城市地块。

第一节　居住区总体布局规划

一、居住区规划的基本要求

居住区规划设计应体现安全、卫生、方便、舒适、优美、智能化、地方特色等方面的内容。

居住区规划设计应坚持以人为本的基本原则，遵循适用、经济、绿色、美观的建筑方针，并应符合下列规定：

①应符合城市总体规划及控制性详细规划。

②应符合所在地气候特点与环境条件、经济社会发展水平和文化习俗。

③应遵循统一规划、合理布局，节约土地、因地制宜，配套建设、综合开发的原则。

④应为老年人、儿童、残疾人的生活和社会活动提供便利的条件和场所。

⑤应延续城市的历史文脉、保护历史文化遗产并与传统风貌协调。

⑥应采用低影响开发的建设方式，并应采取有效措施促进雨水的自然积存、自然渗透与自然净化。

⑦应符合城市设计对公共空间、建筑群体、园林景观、市政等环境设施的有关控制要求。

二、居住区的结构规划

根据《城市居住区规划设计标准》(2018 版)，居住区分为十五分钟生活圈、十分钟生活圈、五分钟生活圈、居住街坊四级结构。分级的主要目的是配置满足居民基本物质和生活所需的相关设施；分级配套适应综合开发和配套建设的方针；符合设施的经营和管理的经济性。

1. 定义

十五分钟生活圈居住区：以居民步行十五分钟可满足其物质与生活文化需求为原则划分的居住区范围；一般由城市干路或用地边界线所围合，居住人口规模为 50 000~100 000

人(约 17 000~32 000 套住宅)，配套设施完善的地区。

十分钟生活圈居住区：以居民步行十分钟可满足其基本物质与生活文化需求为原则划分的居住区范围；一般由城市干路、支路或用地边界线所围合，居住人口规模为 15 000~25 000 人(约 5000~8000 套住宅)，配套设施齐全的地区。

五分钟生活圈居住区：以居民步行五分钟可满足其基本生活需求为原则划分的居住区范围；一般由支路及以上级城市道路或用地边界线所围合，居住人口规模为 5000~12 000 人(约 1500~4000 套住宅)，配套社区服务设施的地区。

居住街坊：由支路等城市道路或用地边界线所围合的住宅用地，是住宅建筑组合形成的居住基本单元；居住人口规模为 1000~3000 人(约 300~1000 套住宅，用地面积 2~4hm²)，并配建有便民服务设施。

2. 居住区分级控制规模(表 5-1)

表 5-1　居住区分级控制规模

距离与规模	十五分钟生活圈居住区	十分钟生活圈居住区	五分钟生活圈居住区	居住街坊
步行距离/m	800~1000	500	300	
住宅数量/套	17 000~32 000	5000~8000	1500~4000	300~1000
居住人口/人	50 000~100 000	15 000~25 000	5000~12 000	1000~3000

三、居住区用地组成

城市居住区是住宅用地、配套设施用地、公共绿地以及城市道路用地的总称。各级生活圈居住区用地应合理配置、适度开发，其控制指标应符合下列规定(表 5-2~表 5-5)：

表 5-2　十五分钟生活圈居住区用地控制指标

建筑气候区划	住宅建筑平均层数类别	人均居住区用地面积(m^2/人)	居住区用地容积率	居住区用地构成				
				住宅用地	配套设施用地	公共绿地	城市道路用地	合计
Ⅰ、Ⅶ	多层Ⅰ类(4~6层)	40~54	0.8~1.0	58~61	12~16	7~11	15~20	100
Ⅱ、Ⅵ		38~51	0.8~1.0					
Ⅲ、Ⅳ、Ⅴ		37~48	0.9~1.1					
Ⅰ、Ⅶ	多层Ⅱ类(7~9层)	35~42	1.0~1.1	52~58	13~20	9~13	15~20	100
Ⅱ、Ⅵ		33~41	1.0~1.2					
Ⅲ、Ⅳ、Ⅴ		31~39	1.1~1.3					
Ⅰ、Ⅶ	高层Ⅰ类(10~18层)	28~38	1.1~1.4	48~52	16~23	11~16	15~20	100
Ⅱ、Ⅵ		37~36	1.2~1.4					
Ⅲ、Ⅳ、Ⅴ		26~34	1.2~1.5					

注：居住区用地容积率是生活圈内，住宅建筑及其配套设施地上建筑面积之和与居住区用地总面积的比值。

表 5-3　十分钟生活圈居住区用地控制指标

建筑气候区划	住宅建筑平均层数类别	人均居住区用地面积（m^2/人）	居住区用地容积率	居住区用地构成				
				住宅用地	配套设施用地	公共绿地	城市道路用地	合　计
Ⅰ、Ⅶ	低层（1~3层）	49~51	0.8~0.9	71~73	5~8	4~5	15~20	100
Ⅱ、Ⅵ		45~51	0.8~0.9					
Ⅲ、Ⅳ、Ⅴ		42~51	0.8~0.9					
Ⅰ、Ⅶ	多层Ⅰ类（4~6层）	35~47	0.8~1.1	68~70	8~9	4~6	15~20	100
Ⅱ、Ⅵ		33~44	0.9~1.1					
Ⅲ、Ⅳ、Ⅴ		32~41	0.9~1.2					
Ⅰ、Ⅶ	多层Ⅱ类（7~9层）	30~35	1.1~1.2	64~67	9~12	6~8	15~20	100
Ⅱ、Ⅵ		28~33	1.2~1.3					
Ⅲ、Ⅳ、Ⅴ		26~32	1.2~1.4					
Ⅰ、Ⅶ	高层Ⅰ类（10~18层）	23~31	1.2~1.6	60~64	12~14	7~10	15~20	100
Ⅱ、Ⅵ		22~28	1.3~1.7					
Ⅲ、Ⅳ、Ⅴ		21~27	1.4~1.8					

注：居住区用地容积率是生活圈内，住宅建筑及其配套设施地上建筑面积之和与居住区用地总面积的比值。

表 5-4　五分钟生活圈居住区用地控制指标

建筑气候区划	住宅建筑平均层数类别	人均居住区用地面积（m^2/人）	居住区用地容积率	居住区用地构成				
				住宅用地	配套设施用地	公共绿地	城市道路用地	合　计
Ⅰ、Ⅶ	低层（1~3层）	46~47	0.8~0.9	76~77	3~4	2~3	15~20	100
Ⅱ、Ⅵ		43~47	0.8~0.9					
Ⅲ、Ⅳ、Ⅴ		39~47	0.8~0.9					
Ⅰ、Ⅶ	多层Ⅰ类（4~6层）	32~43	0.8~1.1	74~76	4~5	2~3	15~20	100
Ⅱ、Ⅵ		31~40	0.9~1.2					
Ⅲ、Ⅳ、Ⅴ		29~37	1.0~1.2					
Ⅰ、Ⅶ	多层Ⅱ类（7~9层）	28~31	1.2~1.3	72~74	5~6	3~4	15~20	100
Ⅱ、Ⅵ		25~29	1.2~1.4					
Ⅲ、Ⅳ、Ⅴ		23~28	1.3~1.6					
Ⅰ、Ⅶ	高层Ⅰ类（10~18层）	20~27	1.4~1.8	69~72	6~8	4~5	15~20	100
Ⅱ、Ⅵ		19~25	1.5~1.9					
Ⅲ、Ⅳ、Ⅴ		18~23	1.6~2.0					

注：居住区用地容积率是生活圈内，住宅建筑及其配套设施地上建筑面积之和与居住区用地总面积的比值。

表 5-5　居住街坊用地与建筑控制指标

建筑气候区划	住宅建筑平均层数类别	住宅用地容积率	建筑密度最大值（%）	绿地率最小值（%）	住宅建筑高度控制最大值(m)	人均住宅用地面积最大值（m^2/人）
Ⅰ、Ⅶ	低层(1~3层)	1.0	35	30	18	36
	多层Ⅰ类(4~6层)	1.1~1.4	28	30	27	32
	多层Ⅱ类(7~9层)	1.5~1.7	25	30	36	22
	高层Ⅰ类(10~18层)	1.8~2.4	20	35	54	19
	高层Ⅱ类(19~26层)	2.5~2.8	20	35	80	13
Ⅱ、Ⅵ	低层(1~3层)	1.0~1.1	40	28	18	36
	多层Ⅰ类(4~6层)	1.2~1.5	30	30	27	30
	多层Ⅱ类(7~9层)	1.6~1.9	28	30	36	21
	高层Ⅰ类(10~18层)	2.0~2.6	20	35	54	17
	高层Ⅱ类(19~26层)	2.7~2.9	20		80	13
Ⅲ、Ⅳ、Ⅴ	低层(1~3层)	1.0~1.2	43	25	18	36
	多层Ⅰ类(4~6层)	1.3~1.6	32	30	27	27
	多层Ⅱ类(7~9层)	1.7~2.1	30	30	36	20
	高层Ⅰ类(10~18层)	2.2~2.8	22	35	54	16
	高层Ⅱ类(19~26层)	2.9~3.1	22	35	80	12

注：居住区用地容积率是生活圈内，住宅建筑及其配套设施地上建筑面积之和与居住区用地总面积的比值。

在Ⅰ、Ⅱ、Ⅵ、Ⅶ建筑气候区，布局主要应利于住宅冬季的日照、防寒、保温与防风沙；在Ⅲ、Ⅳ建筑气候区，布局主要应考虑住宅夏季防热和组织自然通风、导风入室的要求。

四、居住建筑选型与设计

1. 住宅的类型

按层数分类：可分为低层(1~3层)，多层Ⅰ类(4~6层)，多层Ⅱ类(7~9层)，高层Ⅰ类(10~18层)，高层Ⅱ类(19~26层)。

按住宅结构分类：主要分为砖木结构、砖混结构、钢混框架结构、钢混剪刀墙结构、钢结构、钢混框架—剪刀墙结构等。

按房屋政策属性分类：可分为公有住房、商品房、廉租房、经济适用住房、房改房、小产权房、住宅合作社集资建房，共有产权住房(共享住宅)等。

按房屋形式(平面特征)分类：主要分为独立式、联立式、单元式、公寓式、复式住

宅、跃层式住宅、花园洋房式住宅、廊式、内天井式、跃廊式等。

2. 住宅的选型与设计

住宅建筑的选型与设计要符合《住宅建筑规范》《住宅设计规范》等相应的规范，住宅户型设计通常要遵循以下四个原则。

(1)经济性原则：户型的建筑面积是住宅建设经济性的重要表现，对我国住宅面积进行合理有效的控制，能够保证我国住宅建设的健康稳定发展。另外，住宅面积与住宅的销售价格呈正比，因此，缩小住宅面积非常直接地体现了住宅设计的经济性原则。

(2)适应性原则：社会环境在逐步发生变化，因此，消费者对住宅户型的要求也在逐步发生转变。住宅的设计必须充分满足消费者的需求，因此开发商必须重视住宅设计功能的适应性，是否可以满足消费者的实际需求。

(3)舒适性原则：这一原则是住宅设计的基本原则，同时也是设计的主要目标和要求。这要求开发商能够充分考虑到住户的家庭结构等基础信息，从而实现对空间面积分配的合理性。

(4)多样性原则：不同的人群对户型的需求存在极大的差异，但是每一类人群都有非常显著地特点，因此，户型设计必须遵从多样性原则(卢靖等，2018)。包括户型多样化、住宅平面布置和建筑类型的多样化、住宅体形、立面和细部处理多样化。

五、住宅群体的规划布置和设计

1. 居住建筑群体布局的基本形式(楼与楼间如何利用空间去联接)

点群式、行列式、周边式是住宅群体组合的三个基本原型，此外，还有三种基本原型兼而有之的院落式、混合式和自由式。

(1)周边式：住宅沿街坊道路的周边布置，有单周边和双周边两种布置形式。其特点是容易形成较好的街景、且内部较安静；具有内向集中空间，便于围出适合多种辅助用途的大空间，如儿童游戏场和社区服务设施等独立但需要保护的场所；利于邻里交往和节约用地，但也具有东西向比例较大，转角单元空间较差、有漩涡风、噪声及干扰较大、对地形适应性差等缺点。

(2)行列式：条式单元住宅或联排式住宅楼按一定的朝向和间距成排布置。其特点是：构图强烈，规律性强，线形布局有利于服务设施高效分布，线路的连续性可以减少出行距离，并有利于采用高效能的交通模式。缺点：形式单调，识别性差，重复布局导致社区缺乏区域感和识别性；易产生过高速度的穿越交通，使组团缺乏安全感。

行列式在布置时宜采用局部L型排列、斜向排列、错动排列或结合点式建筑布局，使建筑布局生动、多样。

(3)点群式：低层独院式住宅、多层点式住宅以及高层塔式住宅的布局均可称为点群式住宅布置。点式住宅成组成团围绕组团中心建筑、公共绿地或水面有规律或自由地布置，可形成丰富的群体空间。

(4)自由式：在群体布置时，形成似围非围的相互流动的院落空间效果。在地形起伏

变化的地段因地就势，适于采用自由式布局。

①散点式　适应于点状式或高层塔式住宅，是由于地形上或景观上的要求。

②曲线形　在兼顾日照、通风等建筑基本功能要求的前提下，通过错落、转折、弯曲等多种方式使建筑成组灵活布置。它的特点是空间自由、灵活、多变。

(5)院落式：将住宅单元围合成封闭的或半封闭的院落空间，可以是不同朝向单元相围合，可以是单元错接相围合，也可以用平直单元与转角单元相围合。其特点是在院落内便于邻里交往和布置老年与儿童活动场地，有利于安全防卫和物业管理，并能提高容积率，布局具有设施共享、可识别性和领域感较强等特点，但东西两侧转角部分易产生阴影遮蔽。

(6)混合式：是指行列式、周边式、点群式或院落式，其中两种或数种相结合或变形的组合形式。其特点是空间丰富，适应性广。除此之外，还可以将低层、多层与高层的不同层数与类型相结合，组成空间多变的住宅组群。

2. 住宅间距的确定

住宅间距分为正面间距与侧面间距，其决定因素有：日照、采光、通风、消防、防震、管线埋设和避免视线干扰的要求。住宅间距，应以满足日照要求为基础，综合考虑采光、通风、消防、防灾、管线埋设、视觉卫生等要求确定。

(1)日照间距：是指前后建筑之间为保证后面建筑获得标准的日照而与前幢建筑间的距离。

标准日照间距是指当地正南向住宅，满足日照标准的正面间距。

《城市居住区规划设计规范》规定住宅日照标准应符合表5-6规定；对于特定情况还应符合下列规定：①老年人居住建筑不应低于冬至日日照2h的标准；②在原设计建筑外增加任何设施不应使相邻住宅原有日照标准降低；③旧区改建的项目内新建住宅日照标准可酌情降低，但不应低于大寒日日照1h的标准。

《城市居住区规划设计规范》将我国划分为7个建筑气候区，并通过不同人口和建筑气候区来确定日照标准(表5-6)。

表5-6　住宅建筑日照标准

建筑气候区划	Ⅰ、Ⅱ、Ⅲ、Ⅶ气候区		Ⅳ气候区		Ⅴ、Ⅵ气候区
城区常住人口(万人)	≥50	<50	≥50	<50	无限定
日照标准日	大寒日			冬至日	
日照时数(h)	≥2	≥3		≥1	
有效日照时带	8时~16时			9时~15时	
计算起点	底层窗台面				

注：底层窗台面是指距室内地坪0.9m高的外墙位置。

当住宅朝向非正南、正北时，住宅正面之间的间距可以按不同的方位布局进行折减，折减系数见表5-7所列。

表 5-7　不同方位住宅间距折减系数

方　位	0°～15°	15°～30°	30°～45°	45°～60°	>60°
折减系数	1.0L	0.9L	0.8L	0.9L	0.95L

注："方位"指正南向偏东、偏西的方位角。"L"指正南向住宅的标准日照间距。

对于低层、多层和高度小于 24m 的中高层住宅，其前后间距不得小于规定的日照间距，对于高度大于 24m 的中高层建筑和高层住宅，其后面的间距应做日照分析后确定，前面的间距应按照其前面的高度来决定是采用日照分析还是日照间距。

(2)住宅的侧面间距：除考虑日照外，还要考虑通风、消防、采光等。

条式住宅：多层楼之间≥6m，侧面有窗时不得小于 8m，高层与其他层数之间≥13m。

高层塔式住宅、多层和中高层点式住宅与侧面有窗的各种层数住宅之间应考虑视觉卫生因素，适当加大间距。

(3)防火间距：为了防止火灾发生时火势蔓延，以及保证疏散、消防所必需的场地，房屋之间应留出的最小距离称为防火间距。

一二级耐火等级的民用建筑：多层与多层或高层建筑裙房之间：6m，多层或高层建筑裙房与高层建筑之间：9m，高层与高层之间：13m。

表 5-8　住宅建筑与住宅及其他民用建筑之间的防火间距(m)

建筑类别			10 层及 10 层以上住宅、高层民用建筑		9 层及 9 层以下住宅、非高层民用建筑		
			高层建筑	裙　房	耐火等级		
					一、二级	三　级	四　级
9 层及 9 层以下住宅	耐火等级	一、二级	9	6	6	7	9
		三　级	11	7	7	8	10
		四　级	14	9	9	10	12
10 层及 10 层以上住宅			13	9	9	11	14

六、配套设施规划

配套设施应遵循配套建设、方便使用，统筹开放、兼顾发展的原则进行配置，其布局应遵循集中和分散兼顾、独立和混合使用并重的原则，并应符合下列规定：

①十五分钟和十分钟生活圈居住区配套设施，应依照其服务半径相对居中布局。

②十五分钟生活圈居住区配套设施中，文化活动中心、社区服务中心(街道级)、街道办事处等服务设施宜联合建设并形成街道综合服务中心，其用地面积不宜小于 1hm^2。

③五分钟生活圈居住区配套设施中，社区服务站、文化活动站(含青少年、老年活动站)、老年人日间照料中心(托老所)、社区卫生服务站、社区商业网点等服务设施，宜集中布局、联合建设，并形成社区综合服务中心，其用地面积不宜小于 0.3hm^2。

④旧区改建项目应根据所在居住区各级配套设施的承载能力合理确定居住人口规模与住宅建筑容量，当不匹配时，应增补相应的配套设施或对应控制住宅建筑增量。

第二节　居住区道路系统规划

一、道路规划设计的基本要求

(1)居住区内道路的规划设计原则：其原则是安全便捷、尺度适宜、公交优先、步行友好，并应符合现行国家标准《城市综合交通体系规划标准》(GB/T 51328)的有关规定。

(2)居住区的路网系统应与城市道路交通系统有机衔接，并应符合下列规定：

①居住区应采取“小街区、密路网”的交通组织方式，路网密度不应小于 $8km/km^2$；城市道路间距不应超过300m，宜为150~250m，并应与居住街坊的布局相结合；

②居住区内的步行系统应连续、安全，符合无障碍要求，并应便捷连接公共交通站点；

③在适宜自行车骑行的地区，应构建连续的非机动车道；

④旧区改建，应保留和利用有历史文化价值的街道、延续原有的城市肌理。

(3)居住区内各级城市道路应突出居住使用功能特征与要求，并应符合下列规定：

①两侧集中布局了配套设施的道路，应形成尺度宜人的生活性街道；道路两侧建筑退线距离，应与街道尺度相协调；

②支路的红线宽度，宜为14~20m；

③道路断面形式应满足适宜步行及自行车骑行的要求，人行道宽度不应小于2.5m；

④支路应采取交通稳静化措施，适当控制机动车行驶速度。

(4)居住街坊内附属道路的规划设计应满足消防、救护、搬家等车辆的通达要求，并应符合下列规定：

①主要附属道路至少应有2个车行出入口连接城市道路，其路面宽度不应小于4.0m；其他附属道路的路面宽度不宜小于2.5m；

②人行出口间距不宜超过200m；

③最小纵坡不应小于0.3%，最大纵坡应符合规定；机动车与非机动车混行的道路，其纵坡宜按照或分段按照非机动车道要求进行设计。

(5)为了不影响建筑、构筑物的使用功能，并保证行人及车辆的安全，有利于安排地上、地下管线、地面绿化和各种使用设备，并丰富街道的立面与景观，对邻街建筑物、构筑物，应当适当后退红线，与道路保持一定的间距。在具体规划时，在保证最小间距的前提下，可视用地条件，适当考虑主体建筑的空间比例尺度，以取得好的空间效果。

(6)道路横断面：一条机动车道宽度在3~3.5m，一条非机动车1.5m，一条人行步道0.75~1m，绿化占道路总宽度比例15%~30%。

二、居住区停车设施

1. 停车要求

居住区应配套设置居民机动车和非机动车停车场(库)，并应符合下列规定：

①机动车停车应根据当地机动化发展水平、居住区所处区位、用地及公共交通条件综合确定，并应符合所在地城市规划的有关规定；

②地上停车位应优先考虑设置多层停车库或机械式停车设施，地面停车位数量不宜超过住宅总套数的 10%；

③机动车停车场(库)应设置无障碍机动车位，并应为老年人、残疾人专用车等新型交通工具和辅助工具留有必要的发展余地；

④非机动车停车场(库)应设置在方便居民使用的位置；

⑤居住街坊应配置临时停车位；

⑥新建居住区配建机动车停车位应具备充电基础设施安装条件。

2. 小汽车停放方式(图 5-1)

平行式：车辆平行于行车通道的方向停放。

斜列式：车辆与行车通道成角度停放(一般有 30°、45°、60°三种角度)。

垂直式：车辆垂直于行车通道的方向停放。

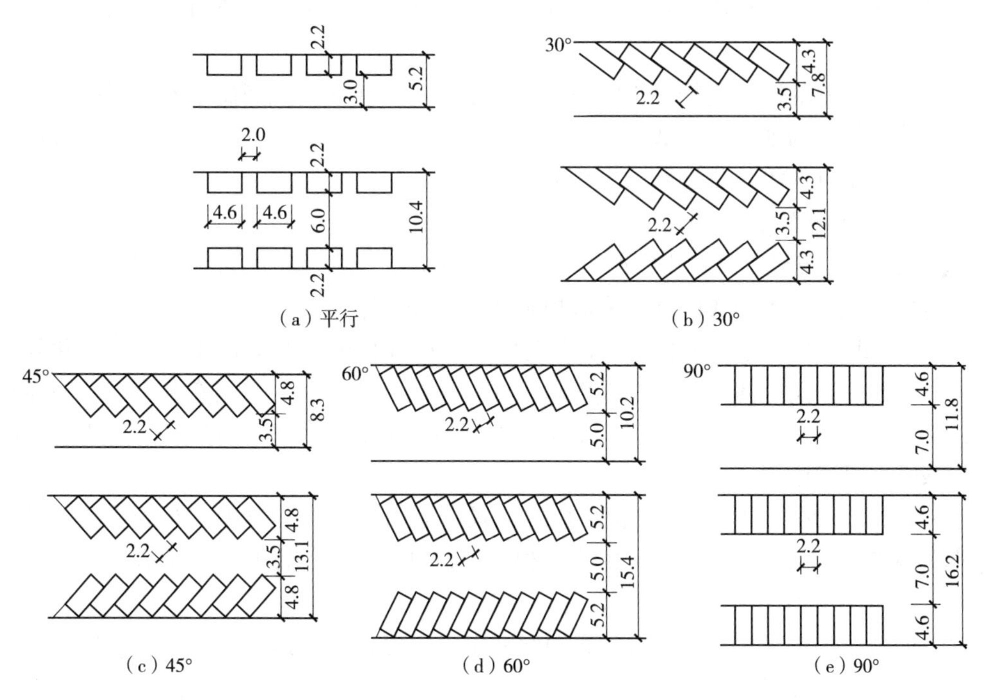

(a) 平行　(b) 30°　(c) 45°　(d) 60°　(e) 90°

图 5-1　小型汽车停车场单双排停车参考尺寸(单位：m)

第三节　居住区绿地系统规划

一、绿地系统的组成

公共绿地：指居住区内居民公共使用的绿化用地。如居住区公园、游园、林荫道、住宅组团的小块绿地等。

配套公建所属绿地：指居住区内的学校、幼托机构、医院、门诊、锅炉房等用地内的绿化。

宅旁和庭院绿地：指住宅四旁绿地。

道路绿地：指居住区内各种道路的行道树等绿地。

二、绿地的布置与要求

1. 基本原则

居住区内绿地的建设及其绿化应遵循适用、美观、经济、安全的原则，并应符合下列规定：

①宜保留并利用已有树木和水体。

②应种植适宜当地气候和土壤条件，且对居民无害的植物。

③应采用乔、灌、草相结合的复层绿化方式。

④应充分考虑场地及住宅建筑冬季日照和夏季遮阴的需求。

⑤适宜绿化的用地均应进行绿化，并可采用立体绿化的方式丰富景观层次、增加环境绿量。

⑥有活动设施的绿地应符合无障碍设计要求并与居住区的无障碍系统相衔接。

⑦绿地应结合场地雨水排放进行设计，并宜采用雨水花园、下凹式绿地、景观水体、干塘、树池、植草沟等具备调蓄雨水功能的绿化方式。

2. 绿地基本布置形式

(1)规则式：布局形式较规则严整，多以轴线组织景物，布局对称均衡，园路多用直线或几何规则线形，各构成因素均采取规则几何型和图案型。

(2)自由式：不求对称规整，但求自然生动，这种自由式布局适用于地形变化较大的用地，在山丘、溪流、池沼之上配以树木草坪，种植有疏有密，空间有开有合，道路曲折自然，亭台、廊桥、池湖间或点缀，多设于人们游兴正浓或余兴小休之处，与人们的心理规则相感应，自然惬意。

(3)混合式：是规则与自由式相结合的形式，运用规则式和自由式布局手法，既能和周围环境相协调，又能在整体上产生韵律和节奏，对地形和位置的适应灵活。

3. 居住街坊内绿地面积的计算规定

①满足当地植树绿化覆土要求的屋顶绿地可计入绿地。绿地面积计算方法应符合所在城市绿地管理的有关规定。

②当绿地边界与城市道路临接时，应算至道路红线；当与居住街坊附属道路临接时，应算至路面边缘；当与建筑物临接时，应算至距房屋墙脚 1.0m 处；当与围墙、院墙临接时，应算至墙脚。

③当集中绿地与城市道路临接时，应算至道路红线；当与居住街坊附属道路临接时，应算至距路面边缘 1.0m 处；当与建筑物临接时，应算至距房屋墙脚 1.5m 处。

第六章　滨水区块修建性详细规划综合实习

第一节　滨水区块修建性详细规划概述

一、滨水区块景观特点

滨水区，简而言之就是城市陆域与水域相连的一定区域的综合，或濒临江海、湖泊，或纵贯河流。在很多方面，城市滨水区都有着独特的优势。它是城市居民基本生活空间的重要部分，是展示城市形象的重要区域，也是外来旅游者观光活动的场所。滨水区块景观具有以下特点：

1. 地带狭长

滨河景观区，不像广场那样拥有宽阔的场地，而是典型的近似对称的两条相呼应的狭长型地带。

2. 空间开放

城市中河道两旁的堤岸是一座城市难得的开放空间，线路长，空档区域多，受众面比较广。

3. 便于展示城市文化

滨水景观地段是城市的剖面，是城市的剪影，是城市的重要展示层面，为城市提供了一个全景的空间场所。城市音乐化的轮廓、万家灯火的气氛、充满神秘幻想的空间都可以在此得到充分的展现(史花霞，2011)。

二、滨水区块修建性详细规划内容

一般滨水区块，既有商业区也有住宅区，因此，滨水区块修建性详细规划的设计内容除了景观设计外，还有各类地块设计以及基础设施设计内容。具体设计内容包括：道路组织与规划、建筑平面布局与空间设计、景观设计、市政工程设施规划。

道路组织与规划，包括区域出入口和停车系统设计、道路系统组织设计。不仅是空间组织系统设计，还包括道路铺装材质设计，要求与外部环境相符，与滨水景观系统结合，并结合防洪应急系统进行空间系统组织。

建筑平面布局与空间设计，主要包括住宅区、商业区的建筑设计，设计需要与滨水景观配套，整体建筑风格应体现精美、时尚、绿色内涵，通过木质、石质、金属与玻璃的对比与应用，将曲线与斑驳光影的交错运用，体现建筑的融合之美，并巧妙将景观布局引水而入，借景于湖，使湖面景观与建筑区环境较好融合。

景观设计，重要内容是对滨水沿线的景观设计，涉及沿岸水体景观设计和岸上景观小品、扶栏、沿线绿地系统景观规划等设计。

市政工程设施规划，主要包括给水工程规划、排水工程规划、电力工程规划、电信工程规划、供热工程规划、燃气工程规划等内容。

三、景观设计方法

滨水区域景观设计是整个景观规划设计中较复杂的一类。滨水区域景观设计涉及的内容繁多复杂，不仅有陆地上的，还有水体中的，更有水陆交接地带的。对景观设计的核心场地规划和景观生态具有较高的要求(图 6-1)。

(一)类型

滨水空间主要分为五种类型，通过设计，要求能够满足用户亲水、戏水、观水、听水的综合需求。

1. 水体边缘与水面呈垂直状态出现(图 6-2)

水体边缘可以是自然岩石、山体或垂直建筑物。如威尼斯运河上排列着密布的宫殿和民宅，苏州、绍兴等地的沿河建筑也是以这种方式形成了彼此连接的水边街景。

图 6-1　烟台滨海景观规划设计方案(孙志勇，2016)

图 6-2　威尼斯实景照片

2. 曲折的港湾

这种类型主要为渔村渔港。为了遮蔽沿岸强劲的风，可以沿着狭窄的小巷和通道连接湖、海。

3. 码头和港口

这种类型主要是沿水体岸线构建而成的硬质铺地，如码头和港口。

4. 湾

湾是由水体边缘围合而成的平面形态。如海湾、河湾等具有水面开阔、视野较好等特点，常与其他公共开放空间相结合，也可以利用建筑物围合成湾口。

5. 亲水平台

这种类型主要是通过和岸线成直角的平台延伸入水体中，使人们能够与水体有较近的接触，加强了陆地和水体的连接关系。

(二)设计要求

在滨水区域景观设计中“水”的处理是设计的核心。滨水空间设计的一个重要特征就在

于它是复杂的综合体，涉及多个研究区域，如河流、运河和城市岸线，在环境保护方面具有至关重要的作用。滨水区域的水道，尤其是河流边缘的湿地，形成城市区域中独具价值的生态系统。因此，滨水区域景观设计涉及到航运、河道治理、植被及动物栖息地保护、水质、能源等多方面内容。在滨水区域景观设计中，不仅要满足人类物质、生理、心理等方面的需要，还要以生态学的观念维护自然生态的平衡。

1. 保护与开发相平衡

滨水区域景观设计需要坚持保护自然水体的生态环境并对其进行适当开发的要求。尤其是在人们的亲水活动中，如游泳、划船、游艇和钓鱼等造成的与生态环境相矛盾的倾向。因此，在设计时需要做好环境综述，其中包括环境效果的评估，这是在这些矛盾中寻求平衡的有效工具。同时，还应当坚持保护生态优先，适度开发原则。利用开发的经济利益，结合教育、引导，促进生态环境的保护。

2. 安全与功能相结合

滨水空间设计要考虑水系统的安全性。建立以涵养水源、蓄水、防洪、净化的完整体系，实现从滨水环境到整个城镇的自然和人工水网系统，能够应对突发的洪水、暴雨、海啸、干旱等情况。同时，亲水行为和将水体引入城市的功能需要因地制宜，具有特色，同样是宽阔的滨海、滨湖景观大道，咖啡酒吧、休闲广场、漫步道等休闲空间和设施应有所不同，应突出自己的个性。在安全的基础上，建立两者之间相互联系的合适的系统，以便控制规模和数量。

3. 突出地域文化特色

水系统是城市个性和精神的代表，是塑造和传承城市景观特色和文化内涵的重要元素。如江南水乡的居民生活在自然的河道边，河道既是生活来源，也是生活场所，因此形成了水边听社戏、水边做买卖、水边休憩等特色。这里没有开阔的码头，没有成片的绿树和草坪，但它却体现了更深层次的地域文化、民俗风情和精神寄托。

(三)设计要点

在把握好滨水区域基本设计要求的基础上，开始对滨水区域的空间景观进行营造，具体包括以下内容。

1. 基本要求

①对水体的处理手法(湿地、堤岸、河流、滩涂等)；

②滨水区域环境的功能空间的互动；

③滨水的线性空间与其他形态的空间之间的转换；

④亲水行为的设计。

2. 图解分析要点

①行为的分析；

②构筑形态语言与环境功能空间的一致性处理；

③场地的维护手段；

④滨水路面的处理手法；

⑤空间界面庇护感的营造。

第二节　滨水景观总体设计

滨水景观总体设计要从用地功能的布局、交通系统的组织、景观风貌的规划、滨水岸线的设计等方面进行合理的安排。

一、用地功能的选择与布局

1. 用地功能的确定

美国学者安·布里和迪克·里贝把城市滨水区的开发从用途上进行归纳，分为商贸、娱乐休闲、文化教育与环境、历史、居住和公交港口设施六大类，通常包括公园、步行道、餐馆、娱乐场，以及混合功能空间和居住空间(栾春凤，2009)。在进行用地功能布局时，我们应结合地方特色，选择合适的功能，通过水平—垂直多层次空间开发，提高用地的使用效率。如京杭大运河(杭州段)提出坚持“科学规划、综合整治、保护开发”，做到“截污、清淤、驳坎、绿化、配水、保护、造景、管理”八位一体，强化运河的“生态、文化、旅游、休闲、商贸、居住”六大功能，以开发为手段，实现保护目的，真正使这一工程体现时代特征、杭州特点和运河特色。

2. 用地空间形态的确定

空间结构是指各种经济活动在区域内的空间分布状态及空间组合形式，主要由点、线、域面所组成。

(1)点：对于滨水带状空间来说，“点”是满足居民及游客进行居住和休闲活动的各种节点，包括入口景观节点、公园绿地、市民广场、博物馆、景观小品、历史建筑、桥头景观、商业网点等形态。点状空间单体规模较小，数量较多，能为本地居民与外地游客提供观光游憩、餐饮品茶、健身锻炼、购物娱乐等多样化的休闲选择(张环宙等，2011)。如运河文化体验节点规划，如图 6-3 所示。

(2)线：城市的滨河带状空间本身就是线性空间，空间沿河展开，其空间范围长度远远大于宽度，如果在规划设计时只考虑将各元素平铺直叙地分布在带状空间中，往往在游人沿河长时间游历过程中显得过于乏味，因此，可以通过相关设计手法增加滨河空间趣味性。将不同功能的项目分段布置，并将各功能分区和各空间节点进行有机串联，通过多种形式的植物种植，营造虚实景观长廊。植物成组布置，根据周边情况，每组植物配置相应的品种，既有密林，又有疏林草坡；既有层次丰富的乔灌草综合植物景观，又有根据建筑配置有意境的点景植物景观(薛晓娜等，2014)。如京杭大运河杭州段的线性景观设计，如图 6-4 所示。

(3)面：是将能形成相同或相近感受的元素整合，使游人在进入不同块面时有不同的体验。在面状空间内部，则不断发生着诸如旅游产品供应、休闲服务消费、物流运输和信息传送等过程，以及滨水空间更新和增长、休闲人群流动与新节点产生等现象。面状空间一般拥有可玩、可憩、可游、可看、可听、可住等多功能的业态单元，且往往以具有标识性的历史滨水地段、公共建筑物、滨水景观等特殊节点为空间的功能中心，因而是整个城市或区域发展的核心(张环宙等，2011)。

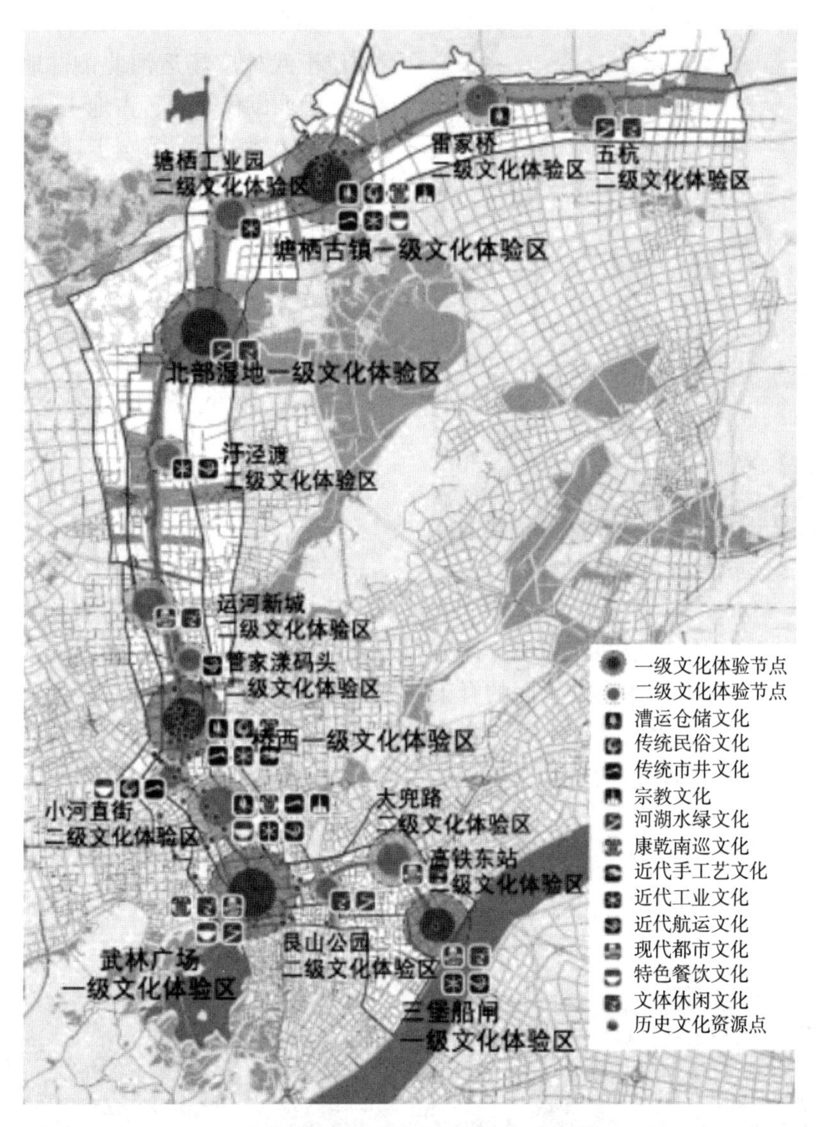

图 6-3　运河文化体验节点规划图(王建国等，2017)

图 6-4　京杭大运河(杭州段)线性景观

图 6-5　西湖文化广场面状景观

如京杭大运河杭州段的西湖文化广场，它位于武林广场运河北侧，地处杭州市中心，距西湖仅 2km，占地 13.3km^2，总建筑面积 350 000m^2，室外广场约 100 000m^2。主塔楼是 41 层 170m 高的浙江环球中心。整个广场集文化、娱乐、演出、展览、健身等功能于一体。整个广场设计以杭州特有的西湖文化、运河文化和古塔文化为建筑背景，结合现代文明的瑰丽意象，体现秀外慧中的吴越文化本质，如图 6-5 所示。

二、交通系统的组织

线性带状空间要实现良好的运行，交通是其命脉，作为滨水地区的骨架，交通规划设计会影响到功能、空间、环境等诸方面是否良好的发挥。如西雅图滨水区中心地带设有城市大道及人行道。作为滨水区的脊梁，城市大道及人行道将现有购物、餐饮、船运及文化活动区与新建滨水区及该市更远的地带连接起来，如图 6-6 所示。

滨水空间的交通体系包括对外交通、滨水慢行系统、配套设施 3 个部分。

1. 对外交通系统

滨水空间是城市中人流、车流都比较大的地段，因此，要设计多种出行方式，如公共交通、旅游公交、小汽车交通等，以满足不同出行者的需求。

图 6-6　西雅图滨水区城市大道

车行系统布置的原则是机动车道沿滨水区边缘布置，机动车不宜进入滨水空间内部，尽量避免对行人产生干扰。在滨水空间边角地设置停车场地，使机动车在滨水空间的外围停靠，保证滨水区内部步行系统的安全与畅通。进入内部的车行道路尽量采用尽端式和环线两种形式。

公共交通体系要完善，能通向城市不同的方向，并设有公交站点。同时考虑行人的“步行口袋”，衔接滨水慢行步道，及时实现人车换乘(栾春凤，2009)。

2. 滨水慢行交通系统

滨水慢行系统包括滨水步道、骑行车道、观光电瓶车道等陆路交通系统和水上交通系统。

(1)滨水步道：作为贯穿滨河空间的主线，首先，应该与车行集散交通系统进行零换乘和无缝对接。其次，步行系统的设计，要与行人的步行活动轨迹、活动特征相吻合，以符合人的行为活动需求。因此，步行系统要尽量考虑其与休憩空间、亲水空间和视觉景观的关系，合理地运用各种设计手法增强步行道与自然水体的联系，增加人们和自然水体接触的机会。同时把步行空间与商业、娱乐休闲设施结合而形成的步行街和步行广场是现代盛行的一种休闲、游憩的方式。如西雅图观景步道将滨水区和水族馆的人们吸引到派克市场，带来开阔的海湾视野，在滨水区创造一个市民生活聚集点，如图6-7所示。

图6-7　西雅图滨水区历史码头步道和观景步道

(2)骑行车道：一般总宽度不小于3m，流量较少的宽度一般不小于2.5m左右，路面材料尽量选用经济、环保、生态的地方材料，纵坡坡度小于3%为宜，最大不超过8%。

杭州是我国最早推行公共自行车租赁系统的城市，早在2008年就初步建成以观光休闲为主的公共自行车网络。绿道网络的建成推进了许多骑行车道的建设，如青山湖绿道、下沙绿道的骑行车道等(图6-8~图6-10)。

图 6-8　青山湖绿道骑行车道

图 6-9　下沙绿道骑行车道

图 6-10　下沙滨水慢行道路

(3)水上交通：除了基本的交通功能外，更注重游览功能。它能将旅游景观串联成线，既是观景线，又是景观线，可以在没有交通堵塞的情况下欣赏沿河美景，无论日游还是夜游都是一种很好的体验。如通过乘船观光、渡头设计、水上游乐健身等项目将水上活动与水上交通、陆地交通有机地组织在一起。因此，水上交通线路的设置尤为重要，应根据环城景观带和滨水景观区及主要景点，设置水上交通游览线，在主要景点设游船码头或临时停靠点。同时，应与城市水路交通系统相衔接，同时还应与城市和规划区陆地公共交通系统相衔接，以保证其可达性和便捷性。例如，杭州以京杭运河杭州段为主干线，充分开发和利用余杭塘河和钱塘江等杭州市域内丰富的河流资源发展水上公交，逐步形成一个完善的"水上交通网络"，与陆上公交一起，构成杭州市的城市立体公共交通网络。一方面方便运河、余杭塘河等河道周边居民出行，提高杭城中部和西北部公共交通的便捷程度，使杭州市目前道路拥挤，市民行车难的问题得到一定程度的缓解；另一方面也为杭州市形成一江、一河、一湖、一溪(西溪湿地)的水上旅游格局开辟一条水上观光通道，将杭州的美景通过水上巴士这根动态的线串接起来，使游客真正体会"船在水中行、人在画中游"的美好意境。此外，还常年开通运河夜游线路，结合运河亮灯工程和西湖烟花大会，营造水陆互动的慢节奏夜休闲空间(图 6-11)。

3. 配套交通系统

(1)停车场：布局可采用集中和分散相结合的方式，充分利用广场、绿地等空间设置地下停车库。鼓励建设立体式生态停车场，以增加停车泊位。

(2)慢行驿站：慢行驿站以自行车租赁和补给为主要功能，也可为慢行者提供休息、

饮食等服务(图6-12)。慢行驿站站点的设置可结合公共交通站点来进行布局，一方面方便交通方式的换乘，一方面可以解决公交最后一公里的问题。

(3)交通标识：城市滨水交通空间是居民休闲、锻炼、骑行、社交的绿色低碳空间，标识系统的建立和完善可以确保居民人身安全。交通标识一般分为导向标识、行进标识和警告标识。导向标识为游览者指引方向和相关活动场所的位置，以便游览者可以有针对性地前往目的地，如路标。行进标识为旅行者指明道路状况，并引导慢行者在自己活动方式的道路中行进，如红绿灯标识、专属自行车道等。警告标识提醒慢行者以注意事项，同时让旅行者在特殊区域提高警惕，及时做好必要的防护措施，如减速慢行、山体滑坡标识等(纪亚微，2017)。

图6-11　京杭大运河(杭州段)夜游漕船

(4)服务设施：包括安全应急、环境卫生、休憩座椅、无障碍设施、售卖亭、自动售货机等。设施的设置应与滨水整体布局相一致。要求共性与个性相结合。

图6-12　自行车驿站效果图(浙江农林大学园林设计院)

(5)安全保障设施：通过使用安全标志(禁止、警告、指令、提示)等满足防洪、人防、消防等要求。设置安全标识与灭火器、安全锤等安全急救器械，配备安全设备设施、监控设施等内容，建立安全应急预案、安全救助、保险等安全机制。

(6)照明设施：滨水道路的慢行交通空间以休闲娱乐为主，服务时间长，需确保晚间利用效率。照明系统的建设以满足城市居民晚间使用的要求为主，保障市民便利使用，照明系统完善为城市绿道慢行体系提供了安全可靠的保障。照明设施在保障安全的同时，还可营造景观氛围，增强城市滨水绿道的特色和氛围的烘托(纪亚微，2017)。

三、建筑景观设计

滨水区建筑形态交替变化，形成丰富的滨水景观。建筑形态应与水体协调，建筑形体、色彩、体量、高度和疏密应进行针对性推敲。对于滨水建筑形态控制，除了注重建筑向水开敞、通透、跌落，造型优美之外，并应着重对滨水建筑后退蓝线距离、建筑界面、建筑密度和容积率、建筑高度等要素进行控制。

1. 建筑界面控制

滨水建筑界面要针对建筑布局分别确定高层建筑界面线，多层建筑界面线及底层的控制界面。滨水建筑界面控制总体上应表现连续感。但在重要的视廊区间应断开，应防止形成一排封闭感很强的墙。建筑临水面一般不应大于水体长度的70%(余祖圣等，2011)。

2. 建筑高度控制

建筑高度控制是为了形成良好的空间尺度和优美的天际线，使建筑高度从邻水处向陆域方向逐渐增大；保留足够的开口，使通向水面的视线不受阻隔，营造丰富的景观层次。滨水建筑根据视觉与观赏效果的关系。一般认为高度控制应保证 $H/D_1<1$，$H/D_2<2$，$H/D_3<3$为宜，通过高度控制引导建筑向水体跌落，形成向上收分的建筑形体。改建的城市设计应将历史建筑放在突出的位置，新建筑的高度和宽度都不宜超过历史建筑的轮廓线，并且新建区域的建筑不应妨碍原有建筑的视线走廊(余祖圣等，2011)。

3. 滨水建筑实体

滨水区是向公众开放的界面，临水面建筑的密度和形式不应损坏城市景观轮廓线，并保证视觉上的通透性。临水空间的建筑、街道的布局，应留出能够快速容易到达滨水绿带的通道，便于人们前往进行各种活动，形成引入滨水区的风道，并根据交通量和盛行风向使街道两层的建筑上部逐渐后退以扩大风道降低污染和高温、丰富街道立面空间(余祖圣等，2011)。

四、植物景观设计

植物景观是滨水区的重要景观，规划中应根据地区特点，尽量采用滨水区自然植物群落的生长结构，增加植物的多样性，建立层次多、结构复杂、多样的植物群落，因地制宜地进行片植、列植、混种等，并形成一定规模，促进植物群落的自然化，发挥植物的生态效益，提高自我维护、更新和发展能力，增强绿地的稳定性和抗逆性，实现人工的低度管理和景观资源的可持续发展。

完美的植物景观，必须具备科学性与艺术性两方面的高度统一，既要满足植物与环境在生态上的统一，又要通过艺术构图原理体现出植物个体及群体的形式美，以及人们在欣赏时所产生的意境美。就具体的城市滨水区植物景观设计，要注意以下几点原则：

1. 考虑生态安全性

植被护坡设计不仅要保证正常情况下的安全，还应考虑突发情况下的安全。在植物种类的选择上，应因地制宜，适地适树，充分考虑滨水区的地理特性，合理地搭配，使其达到理想的效果，以创造良好的景观。例如，由于植物对水分需要量不同，在远离水边区域宜多配置深根性、耐干旱的树种，在水边可多选择浅根性、耐水湿的植物，而在滩涂湿地

可选用地方性的耐水湿植物或水生植物，不但体现出地方特色，同时也是维持当地生态系统的基本条件。适当种植水生植物，不仅能提高水体自净能力，改善河岸的自然状态，为水中、水边生物提供生息的环境，还能在改善城市气候、维持生态平衡方面起到重要作用。

2. 注重空间层次感

滨水地带是城市中开阔的边界地带，其空间的围合度较弱，利用不同层次的植物配置来创造空间、引导视线十分必要。滨水地带的植物配置应有疏有密、有高有低，植物种类也应适当混杂栽植，以形成层次丰富、富有变化的群落景观。如对岸景和水的距离由近至远、由下至上依次种植草坪、低灌木、高灌木、乔木，这样的手法可以缓解城市河流槽式的狭窄感觉。

同时，近水栽植的植物应使水体和绿化在视觉上有整体感，不阻碍通向河边道路的视线。另外，还要注意植物水面倒影空间的创造。如嘉兴市华严路绿地采用乔—灌—草相结合的手法，并运用植物的色彩和质感的差异，营造植物景观。上层：临水部分沿着道路铺地片植水杉林，局部点植几棵大树(如榉树、朴树、香樟等)，形成天际线。选择几种主体树种，同时穿插一些辅助树种，主次明确。中层：通过运用大量的球类植物和桂花，垂丝海棠、紫荆、早樱、红枫等观花观叶植物，突出植物景观层次。下层：通过运用软地被、花灌木、模纹色块等材料品种，营造地面景观(胡新艳等，2012)。

3. 营造景观特色

植物景观有群体美、个体美，也有细部的特色美。作为滨水绿化所特有的水生植物的栽植，可以创造出独具特色的湿地生态景观。条带状分布的挺水植物修长秀美的叶片、成片覆盖水面的漂浮植物和浮水植物叶片，都与陆地上植物的形态完全不同，最能够体现滨水景观特色，具有很高的观赏价值。除了水生植物外，栽植于临近岸线的耐水湿乔木也能够表现滨水景观特色，一般采用不等距列植、丛植或林植等配置方法。

同时，利用水体周边植物的倒影造景也可以体现滨水的特点。在人工营造的景观中应有意识地对水陆关系进行改造，增加植物在水中产生倒影的机会，并在合适的位置设置视点。

五、历史文化的挖掘

城市滨水区尤其是滨河区域是一座城市历史的发源地，河流通过航运交通功能和灌溉功能、饮用水等，造就了周边富饶的大地和丰富的风土人情、历史遗迹、风景名胜等资源，增添了城市的魅力，历史文化的挖掘、保护和发扬是滨水景观建设过程中必不可少的一项任务。当代滨河景观设计离不开地域物质文化与非物质文化的支撑，历史传统与艺术内涵表达增加了滨河景观的审美和文化涵养。工业遗产，历史建筑等以“诠释”场地而非“设计”场地的姿态，充分将其再生的过程与市民生活融为一体，重塑都市滨水景观空间，使其成为人与自然共生的互动场所。

中国造园传统理念“天、地、人、神”合一，就是用最朴素、最自然、最和谐的手段营造舒适的生活空间，达到人与自然有机结合，而场所精神的表达，则是需要在设计之初深度挖掘地方的历史记忆、文化脉络、环境形态以及生活方式，使人们对本地产生认同感和

图 6-13 杭州市桥西历史街区

归属感。

又如京杭大运河航段桥西历史街区以“怀旧”为主旋律，突出传承非物质文化等核心元素，打造成以博物展览、运河风情餐饮、酒店为核心业态的主题商街，使其成为运河旅游的最佳目的地(图 6-13)。

半道春红位于潮王桥东北角。根据诗料记载的“记得武林门外路，雨余芳草蒙茸。杏花深巷酒旗风。紫骝嘶过处，随意数残红。有约玉人同载酒，夕阳归路西东。舞裙歌扇绣帘栊。”的意境，设雕塑“老翁探春”“恋酒戏春”“残花拾趣”等景点(图 6-14)。

图 6-14 半道春红

六、滨水岸线

水体是滨水区公共空间中最具有吸引力的景观元素，不仅给人带来视觉上的美感，也给整个公共空间带来生机和活力，人们对于滨水空间具有很强的认同感，越靠近水域，这种感受越强烈。水的形态多样，千变万化，景观设计大体上将水体分为静态水和动态水的设计方法，从功能出发，将其分为观赏类、嬉水类。

水际线是滨河空间意象中显著的边界，主要着眼于驳岸的处理。直立式硬质驳岸，线型单板。在景观设计时，通过沿河种植黄馨、垂柳等，利用其枝叶的垂坠，对驳岸起到了柔化作用。如果条件允许，在处理水际线时可充分利用多种驳岸形式，软硬结合，配置各类水生、湿生、旱生植物，并与场地、亲水平台结合，形成一道会呼吸的水际线(薛晓娜等，2014)。

建造阶梯状堤岸及多层次立体绿化，在满足排洪要求的同时满足人们不同的亲水需

求，开辟亲水平台或栈道，拉近人与水的距离，满足人们亲水的天性，增强景观的趣味性和吸引力，在近水地带，将原有的滨水岸线进行自然生态的处理，使得人们在充满混凝土的城市区域中亲近自然，形成人与自然和谐共生的景象。如法国南特岛滨水岸线根据不同标高和位置分别应用了硬质台阶和水生植被以及将台阶与草植相结合，体现了滨水空间的丰富性与趣味性(陈天等，2014)，如图 6-15 所示。

图 6-15　法国南特岛滨水岸线(陈天等，2014)

天际线是以建筑、高大乔木为主干，提领空间的竖向层次，乔灌草、建筑阳台、场地、平台错落分布，丰富空间的纵深层次。

第三节　护坡植物景观设计

植物造景是一种最具生态性的造景手法，城市滨水绿地的景观除了在硬质景观上凸显外，植物景观也是一个不容忽视的部分。不论在空间、竖向及其他景观节点内，它始终贯穿其中，它的好坏直接关系着整个滨河景观的营造。生态护坡是城市滨水景观的重要组成部分，在提高整个滨水区的环境质量，丰富流域景观方面起着举足轻重的作用。

一、设计原则

1. 安全性原则

通过在坡体上栽种护坡植物，利用护坡植物来改善边坡土层的地质状况，减少坡面水土流失，提高坡面稳定性，同时达到一定的景观和生态效应(韩纬，2007)。对于植物景观而言，可以通过引导和阻隔来实现安全的保障，如利用植物景观吸引游人视线，将游人引导至安全的位置，或者利用植物形成空间上的阻碍，将危险之处与游人隔开(姚瑶，2010)。

2. 乡土化原则

延续地方文化和民俗，充分利用当地植被，结合地域气候和地形地貌，能反映本土文化，适应本地的气候、土壤、水质，易生长，成活率高，植物群落只有形成稳定的多层次结构时，才能呈现自然的风景和气氛，也才能发挥生态效益，尽量选择本地乡土树种和适生性植物资源，以体现本土性和大众化的绿化效果(马安卫等，2011)。

3. 固土性原则

固土性是对护坡植被的基本要求，即种植的植被要能够起到保持水土、稳定边坡的作用。河道边坡易坍塌，因此，护坡植物需选择根系发达、抗侵蚀性强、具有较好水土保持作用的物种，如藤本植物。城市河道的边坡安全非常重要，只有固土护坡，才能保证周边农田、房屋的安全，保证船只的通航安全(马安卫等，2011)。

4. 美学原则(潘秀雅等，2016)

驳岸是一种独特的线形景观，具有一定的美学价值，也是形成城市印象的主要构成元素之一。在护坡植物景观设计中，通过植物的自然属性和人文特色，塑造着不同的美感。

①变化与统一　即使用简单统一的材料，形成视觉冲击效果，变化中具有统一趋势，避免形式凌乱和元素的多样化，把景观元素巧妙结合，如坡面绿色本底中栽植彩叶植物形成图案或花带，具有相互衬托的作用。

②对比与调和　对比强调差异、调和强调统一，统一中求变化、变化中求统一，如在不同区域段的边坡中，可设置不同植物强调地段性差异。

③节奏和韵律　两种或以上元素组合交替反复出现，在快速通过路段极易形成这种韵律感，通过设置不同的景观形态来寻求突破和变化，同时把握变化量度。

④尺度和比例　坡面造景元素需遵循合适的视觉比例，如挡土墙、种植槽砌砖、装饰雕塑等应遵循协调比例。

⑤图案和质地　生动有趣的图案和纹理，应协调组合成景观。

⑥色调与背景　应与周围环境相融合，形成感觉舒服的色调。

二、护坡植物景观规划的一般步骤

1. 现场调研和资料收集

在城市滨河绿地植物景观设计的前期，要对项目所在地进行仔细的现场调研和分析，包括了解当地的植物资源、植物苗源、场地的性质、场地的现状、现有植被情况等，还要了解该城市河流的水文情况，如常水位、洪水位、汛期等，以及当地的人文历史等(姚瑶，2010)。

2. 植物选择

根据该城市滨河绿地的性质以及前期调研的情况，进行植物种类的规划与选择，确定乔灌草藤中的基调种及骨干种，尤其要注意河流内栖息地及河漫滩上的植物选择，此外，还应大致确定苗木的规格(姚瑶，2010)。

3. 植物景观的空间布局

根据设计意图，结合场地特点、地形、道路、驳岸、水位等以及功能分区等，进行植物空间整体布局，大致明确每个分区内植物景观的定位及空间结构特征(姚瑶，2010)。

4. 植物景观的设计

在植物景观整体布局的基础上，进行细部设计。通过对植物生态习性、形态特征、季相特征的把握，结合设计意图，考虑植物景观与驳岸、建筑、道路、园林小品等其他景观元素的关系，综合应用变化、统一、协调、对比、均衡、韵律等手法，以孤植、对植、列植、丛植、群植、林植以及篱植等形式，模拟自然植物群落特征，建立具体的植物空间，营造各异的城市滨河绿地植物景观(姚瑶，2010)。

5. 后期的管理

这里说的后期管理不仅仅是指养护管理，还包括对植物景观的后期改造。由于植物是活体材料，它具有一定的生命周期，在不同的年龄阶段具有不同的形态特征，因而植物景观规划设计还要考虑到近期和远期的效果，在后期需要根据实际情况进行抚育补植和疏间(姚瑶，2010)。

三、护坡植物的选择

护坡植物与其他要素组合的艺术构图对水面景观起着主要的作用，但它必须建立在选

择耐水湿的植物材料和符合植物生态条件的基础上，方可获得理想的效果(黄艾，2007)。

1. 乔木的配置

以观赏效果好的树种构成主景。水边常栽植一株或一丛具有特色的树木，以构成水池的主景，如在水边植红枫、蔷薇、桃、樱花、白蜡、水杉等都能构成主景。水边的植物配置宜群植，不宜孤植作为单株观赏，同时，还应注意季相变化与景观的风格及周围的环境相协调。当水边有建筑时，更应注意植物配置与之形成的林冠线的处理，这是欣赏对岸景时首先跃入眼帘的景色。在有景可借的地方，水边植树时，要留出透景线，但水边的透景线与滨水休闲步道的透视景有所不同，它并不限于一个亭子、一株树木或一个标志物，而是一个景观界面。配植植物时，可选用高大乔木，加宽株距，用树冠来构成透景面以引导视线，形成有主景、有层次的漏景(黄艾，2007)。

淡绿透明的水色是调和各种景物的底色，它与各种树木的绿叶基本上是调和的，但比较单一。最好根据不同景观的要求，在水边或多或少地配置色彩丰富的植物，使之掩映于水中，如杭州西湖白堤的“桃红柳绿”景观。

2. 利用花草镶边或与湖石结合配植花木

自然式的驳岸，无论是土岸还是石岸，常常选用耐水湿的植物，栽在水边能加强水景的趣味，丰富水边的色彩。如水边片植芦苇等突出季相景观，也富有野趣。冬季水边的色彩不丰富，因此，若在驳岸的湖畔设置耐寒又艳丽的盆栽花卉，嵌于湖石之中，便能增色添彩。在配置水边植物时，以采用落叶的草本或木本植物为多，它可使水边的空间富有变化，因草花的品种丰富，若经常更换，也可丰富景观。

3. 地被植物的选择

地被植物兼具扩展力强、生长快、枝叶密集、地面覆盖度较大的特征。地被植物萌芽、分枝能力强，枝叶稠密，能有效体现景观效果，既可用于大面积裸露平地或坡地，也可用于林下空地。此外，还具有保持水土、净化空气、降低噪声、改善温度和湿度等多种生态功能。再加上地被植物对环境污染及病虫害的抵抗能力强，管理粗放、易繁殖、覆盖能力强、耐修剪等优势而成为城市园林中重要的设计要素(栾越等，2014)。

地被植物分为草本地被植物、蕨类地被植物、藤蔓类地被植物、亚灌木类、竹类等。园林植物配置中，讲究色彩丰富和层次。园林艺术是多种艺术的综合艺术，是自然美与园林美的结合。地被植物配置应遵循生态学的基础，应考虑层次的搭配，各种树木混植、配植时，应以一种或二种作为主导，切勿平分，处理好地被植物与园林布局的关系。每种地被植物都有最佳观赏时期，利用地被植物不同的花色、花期、叶形等搭配成高低错落、色彩丰富的花境，地被植物的选择应与设计意图相协调，与周围环境和其他植物相匹配，充分体现自然美与人工美的结合。

总之，为了丰富水体景观，水边植物配置在平面构图上要有远有近，使水面空间与周围环境融为一体，立面轮廓线要高低错落，富有变化。植物的色彩不妨艳丽一些，但这一切都必须服从整个水平空间立意的要求。水边的植物宜选择枝条柔软的树木，如垂柳、榆树、乌桕、朴树、枫杨、无患子、水杉、紫薇、樱花、白皮松、海棠、红叶李、茶花、夹竹桃、棣棠、杜鹃花、南天竹、蔷薇、云南黄馨、棕榈、芭蕉、迎春、连翘、珍珠梅、木芙蓉等。

第七章　村庄规划综合实习

第一节　村庄规划概述

一、村庄空间组织特点

在农耕文明时代，人类必须定居下来才能获得更为稳定的生存资源，村庄作为农业文明时代人类最基本的定居模式，其空间形态与结构是由生产需要决定的。

1. 村庄建设具有向心性

在一般的村庄中，核心区域村寨的选址宜优先选择最有利于生产和生活的地方：在生产方面，不占良田沃土，耕作半径适宜，有利于引水灌溉，便于开展多种经营；在生活方面，安全、安静、向阳、避风、供水方便、景色优美。村寨选址确定之后，居所的建设是以家庭为单位开展的。每家每户往往都保持一个友善的邻里距离，既便于相互照应，又不互相干扰。必备的公共设施由大家共同修建，且位于大家使用都比较便捷的地点，由于使用频率较高，这些地方逐渐成为村民交流的场所。以后随着人口的增加，每户繁衍的子孙大多围绕原有的老宅建房，一些空地逐渐被填满，形成街巷，大家社交的场所成为了村寨的公共活动中心。村寨的空间形态就呈现出以公共活动场所为全村中心，以各家老宅为组团中心的分层级团簇状形态。这是在村寨兴建过程中自然演化的一种向心性。

在以宗族血缘为纽带逐渐形成的村庄中，后代的住所围绕先辈的住宅建设。祖先最初的定居地往往具有特别神圣的意义，经过几个世代后，这些祖屋常常演化成为特殊的纪念性建筑——祠堂。由于同一血亲始祖衍生出不同的支系，每一个支系常常有自己的支祠，这个族系的子孙围绕这个祠堂修建居所；所有的支祠往往又都是围绕或傍生在祖祠的周边，因此就形成了以祖祠为全村中心、以支祠为组团中心的层次团簇状形态，这是以血脉维系的一种向心性。安徽黟县的南屏村保存有完整的祠堂建筑群，大多坐落在村前横店街长约200m的一条中轴线上。按照“邑俗旧重宗法，姓各有祠，支分派别，复为支祠”的理念建设的祠堂，有属于全族所有的“宗祠”，也有属于某一分支所有的“支祠”，还有属于一家或几家所有的“家祠”。宗祠规模宏伟，家祠小巧玲珑，形成一个风格古雅颇具神秘色彩的祠堂群。

在特殊时期和地域，村寨安全成为首要因素时，村庄的建构会呈现出一种特殊的向心性，以防卫性建筑为中心。这个中心建筑可能是预警性的，如瞭望塔、烽火台，便于村内成员及时掌握安全信息；也有可能是防卫性的，如城堡，便于村内成员及时疏散隐藏。大多时候这两种类型的建筑是合二为一的。

现阶段(新时期)的村庄，则是以公共活动空间，如村委、村民文化大楼等行政中心，中心绿地公园、文化广场等休闲中心，这些都是构成村庄的主次向心力聚集点，即我们在

分析空间组织结构中的主次核心点。

2. 村庄道路系统多呈发散状

村庄内道路的形成首先是基于各种必需的联系，从住所到田间或者从住所到井边等，这种道路往往是当地自然地形条件下的捷径。因此，在村寨形成的初期，内部的道路系统呈现树枝状结构：从每家每户的门口出发的小路，逐渐汇集成一条条到达各个公用设施的主路。村寨发展，其内部空间的自然生长是以建筑物或建筑群体为单位逐渐增加的，这种发展取决于个体需要，是不平衡和随机的。在这种情况下，各个建筑组团之间建设剩下的"空隙"最终成为了街巷系统，大宗族分支组团之间的"空隙"宽一些，成为街道，宗族内部小支系组团之间的窄一些，形成小巷；公共建筑或设施门前宽敞一些的地带就成为"广场"。这是一种由于村寨发展自然造就的不规则却十分经济的路网形态。

有些村庄的道路是与水系相结合的。但是，不论是自然形成还是人工开掘的水系，都必须遵从水流特性和引水目的的需要，我国传统文化中对水系形态的认识更以百转千回为吉祥，因此，大多数时候水系是屈曲回环的。

还有一种迂回和曲折就纯粹是人为造就的了。经过定居过程中长期经验的总结，人们发现迂回的道路不仅在密集建设的情况下可以错开各户的出入口，减少邻里之间的相互干扰，还能够迷惑侵入村寨的敌人，从而增加村寨整体的防卫能力。因此，便在后来的村寨建设中刻意追求曲折，修建丁字街和死胡同。这种形态在突出防卫功能的村寨中十分常见。

到了现代，进入汽车文明时代后，道路系统更加重要，是村庄重要的肌理组织构成，是联系功能分区的纽带。村庄道路系统由对外道路系统、村内道路系统、田间道路系统和村庄绿道系统组成，构成"A 轴 B 支(带)"的网格状，且应与城市道路体系、公路体系融为一体，合理衔接。对外联系通道应尽量位于村庄边缘，并与村庄建设用地范围之间预留发展所需的距离，避免单一的夹道发展模式。村内道路可结合村庄拥有的山林资源、人文资源、田地资源等，合理规划慢行通道，创造良好的旅游休闲环境。并增加道路可达性，方便消防车进出。村庄绿道应做好与公路、城市道路有机衔接，通过绿道经过的公路、城市道路两侧设置自行车道和人行道的方式实现绿道与公路、城市道路的衔接；通过客运站、停车场周边的接驳点与静态交通衔接。

二、现阶段村庄规划的类型

根据《村庄和集镇规划建设管理条例》(1993 年)，村庄规划分为村庄总体规划和村庄建设规划两个阶段进行。村庄总体规划的主要内容包括：乡级行政区域的村庄布点，村庄的位置、性质、规模和发展方向，村庄的交通、供水、供电、邮电、商业、绿化等生产和生活服务设施的配置。村庄建设规划应当在村庄总体规划指导下，具体安排村庄的各项建设。村庄建设规划的主要内容，可以根据本地区经济发展水平，参照集镇建设规划的编制内容，主要对住宅和供水、供电、道路、绿化、环境卫生以及生产配套设施作出具体安排。但是对居民点集聚特征的变化，以及不同时期城乡统筹发展内涵的逐步凝练，村庄总体规划与建设规划之间的界限逐步模糊，出现了不同类型的专项规划，如农村社区规划、新农村规划、村庄整治规划等。目前已经建立起针对不同地域、不同村庄发展条件的不同类别的村庄规划，主要包括以下几种。

(一)村庄总体规划

村庄总体规划是根据国民经济发展规划，以镇域规划、镇域经济和社会的各项发展规划以及当地的自然环境、资源条件、历史和现状为依据，对全村辖区范围内的村庄进行合理分布和主要建设项目进行全面布局。规划期限为10年左右。其主体内容包括以下两部分。

①进一步论证和确定村庄性质、规模和发展方向。在对村庄资源现状、产业发展现状等分析的基础上，对村庄的人口发展规模和产业规模进行准确定位，明确村庄性质，经济和用地发展方向。

②确定规划结构和动态发展目标。在此基础上，进行功能分区的规划、以及各类产业资源的合理区划，重点进行村庄建设用地的布局与安排，并明确近远期发展目标。

(二)社会主义新农村规划

2005年10月8日，中国共产党十六届五中全会通过《十一五规划纲要建议》，提出要按照“生产发展、生活富裕、乡风文明、村容整洁、管理民主”的要求，扎实推进社会主义新农村建设。中央农村工作会议提出，积极稳妥推进新农村建设，加快改善人居环境，提高农民素质，推动“物的新农村”和“人的新农村”建设齐头并进。

社会主义新农村建设是指在社会主义制度下，按照新时代的要求，对农村进行经济、政治、文化和社会等方面的建设，最终实现把农村建设成为经济繁荣、设施完善、环境优美、文明和谐的社会主义新农村的目标。

①社会主义新农村的经济建设，主要指在全面发展农村生产的基础上，建立农民增收长效机制，千方百计增加农民收入。

②社会主义新农村的政治建设，主要指在加强农民民主素质教育的基础上，切实加强农村基层民主制度建设和农村法制建设，引导农民依法实行自己的民主权利。

③社会主义新农村的文化建设，主要指在加强农村公共文化建设的基础上，开展多种形式的、体现农村地方特色的群众文化活动，丰富农民群众的精神文化生活。

④社会主义新农村的社会建设，主要指在加大公共财政对农村公共事业投入的基础上，进一步发展农村的义务教育和职业教育，加强农村医疗卫生体系建设，建立和完善农村社会保障制度，以期实现农村幼有所教、老有所养、病有所医的愿望。

(三)村庄整治规划

2013年12月17日，住房城乡建设部以建村〔2013〕188号印发《村庄整治规划编制办法》。该《办法》分总则、编制要求、编制内容、编制成果、附则5章23条。编制内容包括：

(1)编制村庄整治规划要按依次推进、分步实施的整治要求，因地制宜地确定规划内容和深度，首先保障村庄安全和村民基本生活条件，在此基础上改善村庄公共环境和配套设施，有条件的可按照建设美丽宜居村庄的要求提升人居环境质量。

（2）在保障村庄安全和村民基本生活条件方面，可根据村庄实际重点规划以下内容：

①村庄安全防灾整治　分析村庄内存在的地质灾害隐患，提出排除隐患的目标、阶段和工程措施，明确防护要求，划定防护范围；提出预防各类灾害的措施和建设要求，划定洪水淹没范围、山体滑坡等灾害影响区域；明确村庄内避灾疏散通道和场地的设置位置、范围，并提出建设要求；划定消防通道，明确消防水源位置、容量；建立灾害应急反应机制。

②农房改造　提出既有农房、庭院整治方案和功能完善措施；提出危旧房抗震加固方案；提出村民自建房屋的风格、色彩、高度控制等设计指引。

③生活给水设施整治　合理确定给水方式、供水规模，提出水源保护要求，划定水源保护范围；确定输配水管道敷设方式、走向、管径等。

④道路交通安全设施整治　提出现有道路设施的整治改造措施；确定村内道路的选线、断面形式、路面宽度和材质、坡度、边坡护坡形式；确定道路及地块的竖向标高；提出停车方案及整治措施；确定道路照明方式、杆线架设位置；确定交通标志、标线等交通安全设施位置；确定公交站点的位置。

（3）在改善村庄公共环境和配套设施方面，可根据村庄实际重点规划以下内容：

①环境卫生整治　确定生活垃圾收集处理方式；引导分类利用，鼓励农村生活垃圾分类收集、资源利用，实现就地减量；对露天粪坑、杂物乱堆、破败空心房、废弃住宅、闲置宅基地及闲置用地提出整治要求和利用措施；确定秸秆等杂物、农机具的堆放区域；提出畜禽养殖的废渣、污水治理方案；提出村内闲散荒废地以及现有坑塘水体的整治利用措施，明确牲口房等农用附属设施用房建设要求。

②排水污水处理设施　确定雨污排放和污水治理方式，提出清理、疏通、完善雨水导排系统的措施；提出污水收集和处理设施的整治、建设方案，提出小型分散式污水处理设施的建设位置、规模及建议；确定各类排水管线、沟渠的走向，确定管径、沟渠横断面尺寸等工程建设要求；雨污合流的村庄应确定截流井位置、污水截流管（渠）走向及其尺寸。年均降雨量少于600mm的地区可考虑雨污合流系统。

③厕所整治　按照粪便无害化处理要求，提出户厕及公共厕所整治方案和配建标准；确定卫生厕所的类型、建造和卫生管理要求。

④电杆线路整治　提出现状电力电信杆线整治方案；提出新增电力电信杆线的走向及线路布设方式。

⑤村庄公共服务设施完善　合理确定村委会、幼儿园、小学、卫生站、敬老院、文体活动场所和宗教殡葬等设施的类型、位置、规模、布局形式；确定小卖部、集贸市场等公共服务设施的位置、规模。

⑥村庄节能改造　确定村庄炊事、供暖、照明、生活热水等方面的清洁能源种类；提出可再生能源利用措施；提出房屋节能措施和改造方案；缺水地区的村庄应明确节水措施。

（4）在提升村庄风貌方面，可包括以下内容：

①村庄风貌整治　挖掘传统民居的地方特色，提出村庄环境绿化美化措施；确定沟渠水塘、壕沟寨墙、堤坝桥涵、石阶铺地、码头驳岸等的整治方案；确定本地绿化植物的种

类；划定绿地范围；提出村口、公共活动空间、主要街巷等重要节点的景观整治方案。防止照搬大广场、大草坪等城市建设方式。

②历史文化遗产和乡土特色保护　提出村庄历史文化、乡土特色和景观风貌保护方案；确定保护对象，划定保护区；确定村庄非物质文化遗产的保护方案。防止拆旧建新、嫁接杜撰。

(5)根据需要可提出农村生产性设施和环境的整治要求和措施。

(6)编制村庄整治项目库，明确项目规模、建设要求和建设时序。

(7)建立村庄整治长效管理机制。鼓励规划编制单位与村民共同制定村规民约，建立村庄整治长效管理机制。防止重整治建设、轻运营维护管理。

(四)美丽乡村规划

2003年，浙江省委、省政府按照党的十六大提出的统筹城乡发展的要求，顺应农民群众的新期盼，作出了实施“千村示范、万村整治”工程的重大决策。时任省委书记习近平同志深入基层调查，研究思路政策，确定总体布局，推进工作部署。至2007年，经过5年的努力，对全省10303个建制村进行了整治，并把其中的1181个建制村建设成“全面小康建设示范村”。在此基础上，2010年，浙江省委、省政府进一步作出推进“美丽乡村”建设的决策。10多年来，浙江省始终把实施“千村示范、万村整治”工程和“美丽乡村”建设作为推进新农村建设的有效抓手，坚持一张蓝图绘到底、一年接着一年干、一届接着一届干，坚持以人为本、城乡一体、生态优先、因地制宜，大力改善农村的生产生活生态环境，积极构建具有浙江特色的美丽乡村建设格局。到2013年底，浙江省共有2.7万个村完成环境整治，村庄整治率达到94%，成功打造了35个美丽乡村创建先进县。2013年，全国改善农村人居环境工作会议在浙江省桐庐县召开。习近平总书记专门作出重要指示，强调要认真总结浙江省实施“千村示范、万村整治”工程的经验并加以推广。浙江省认真贯彻习近平总书记重要指示精神，全面落实中央的部署要求，坚持“绿水青山就是金山银山”的理念，更加扎实有力地推进村庄整治和美丽乡村建设，推动全省新农村建设和生态文明建设再上新台阶。

党的十八大以来，习近平总书记就建设社会主义新农村、建设美丽乡村，提出了很多新理念、新论断、新举措。2013年7月22日，习近平总书记视察湖北鄂州时再次强调：实现城乡一体化，建设美丽乡村，不是简单的“涂脂抹粉”，不能大拆大建，特别是古村落要保护好。强调乡村文明是中华民族文明史的主体，村庄是这种文明的载体，耕读文明是我们的软实力；强调农村是我国传统文明的发源地，乡土文化的根不能断，农村不能成为荒芜的农村、留守的农村、记忆中的故园；强调搞新农村建设要注意生态环境保护，注意乡土味道，体现农村特点，保留乡村风貌，坚持传承文化，发展有历史记忆、地域特色、民族特点的美丽城镇。党的十九大以来，各地认真贯彻和学习习近平总书记的“绿水青山就是金山银山”的两山理论，全面实施乡村振兴战略，认真践行“产业兴旺、生态宜居、乡风文明、治理有效、生活富裕”的总要求，开启新时代美丽乡村建设新征程，为新时代美丽乡村建设打下良好的基础。

至此，中国美丽乡村规划的重要内容包括：产业振兴与区划；村庄文化建设；乡村人

居环境优化；乡村旅游业发展等内容。

（五）新型农村社区规划

新农村社区是城乡统筹和新农村建设的重要载体，也是和谐农村的基本组成单元。在城乡发展“双轮”驱动的新形势下，应以构建城乡经济社会一体化发展新格局为基本目标，充分利用科学合理的规划手段分析、认清农村社区发展的动力机制和村庄迁并规律等，关注和引导基础设施和公共服务向农村地区延伸，使城乡社区居民共享发展成果。

新型农村社区规划包含五种模式：

(1)市场运作型：重在运用市场机制，综合利用土地、信贷和规费减免等优惠政策，吸引房地产开发、工程设计、土建施工及其他企事业单位积极参与新型农村社区建设。

(2)政府主导型：对于财政基础较好的区域，可以采取政府主导的模式，通过BT(政府利用非政府资金来进行基础非经营性设施建设项目)、BOT(以政府和私人机构之间达成协议为前提，由政府向私人机构颁布特许，允许其在一定时期内筹集资金建设某一基础设施并管理和经营该设施及其相应的产品与服务)等模式开发建设成为新型农村社区。

(3)企业参与型：让有实力、有需求、有辐射带动能力的龙头企业参与新型农村社区建设，把解决社区产业发展、群众就业和企业用地等需求紧密结合起来，实现企业与新型农村社区融合发展、互利双赢。

(4)政策引导型：对自然条件恶劣的区域重点借助相关政策和重大项目建设的机遇，实施整体搬迁，就近进入新型农村社区。

(5)自筹自建型：对位置相对偏远但地方政府有一定财力的地区，采取规划一步到位、群众自筹自建的模式，逐步予以推进。

整个规划内容包括：

①确定农村社区的等级规模结构与合村并点；

②社区中心服务半径设计；

③社区基础设施规划与建设完善；

④规划保障措施。

（六）古村落保护规划

中国传统村落，原名古村落，是指1911年以前所建的村落。2012年9月，经传统村落保护和发展专家委员会第一次会议决定，将习惯称谓“古村落”改为“传统村落”。这类村庄的典型特点是：保留了较大的历史沿革，即建筑环境、建筑风貌、村落选址未有大的变动，具有独特的民俗民风，虽经历久远年代，但至今仍为人们服务的村落；传统古村落拥有物质形态和非物质形态文化遗产，具有较高的历史、文化、科学、艺术、社会、经济价值，承载着中华民族传统文化的精粹，体现着独特鲜明的农村特色，是农耕文明不可再生的文化遗产。

我国城镇化仍保持快速发展的势头，越来越多的村落在消失或者被村镇化。而传统村落记载着我国农耕文明的历史和文化，是中华民族优秀传统文化的载体，是不可再生的宝贵文化遗产，具有较高的历史、文化、科学、艺术、社会、经济价值。在这样的特殊历史时期，抓紧摸清传统村落的基本情况，加强传统村落保护，避免因错误的观念、短期的开发利益等各种原因破坏传统村落，使传统村落在传承历史文化、保障国土安全、振兴旅游业、促进农村地区可持续发展等方面发挥重要作用，是一项十分重要的工作。

传统村落保护与发展工作的指导思想：①坚持规划先行。传统村落保护发展必须先规划后实施，充分发挥规划的引领作用。②坚持分类分级。必须分类分级开展保护发展工作，有针对性地提出抢救性维修、整体保护、合理利用等保护措施。③坚持活态传承。注重活态传承传统村落承载的物质和非物质文化遗产，保持遗产的真实性和完整性，延续农耕文明和中华优秀传统。④坚持一村一策。要结合村落类型以及周边人文与自然环境、地方及民族特色，因地制宜地提出保护发展对策。

古村落保护的重点规划内容包括：

①调查村落的传统资源，建立传统村落的普查档案。

②明确传统村落的特征和保护价值，确定传统资源保护对象，划定保护范围。

③提出传统文化资源保护、改善村落人居环境和发展村落经济的措施。

三、村庄规划的内容

1. 村庄规划的内容

(1)村庄现状调研：对村庄人口、土地利用现状、基础设施、交通、产业发展、公共服务、住房建筑等方面进行现状调查分析，发现村庄发展建设中的问题，为村庄规划提供基础资料。

(2)村域规划：主要解决村域范围的土地利用规划、环境保护与生态建设规划、对外交通和产业发展空间布局问题。村域用地规划应本着集约利用土地的原则，在村域范围内对农用地和建设用地进行合理规划布局。遵照田、渠、井、路、林、电综合治理措施安排农业生态建设。重点做好用地布局、环境保护和农业生态建设，满足农业和交通基础设施的规划。现阶段的村庄规划还包括空间管制规划，即需要划定村域范围内的重点建设区、一般建设区和限制开发区。

(3)村庄建设规划的具体内容：

①人口及产业发展　人口规模预测，建设用地规模，宜农产业发展规划，劳动力安置计划。

②用地布局规划　村庄建设范围的用地规划，产业发展空间布局和自然生态环境保护，居住区、产业区、中心区、公共服务设施用地布置。

③道路交通规划　村庄内的道路系统和道路宽度、停车设施、公交车站布置等；村庄对外交通及主要干路规划，村域内田间道路和生产路的规划。

④基础设施规划　供电、电信、给水、排水(雨水管沟，小型污水处理设施)，冲水厕所、三格式雾化处理厕所，燃气(煤气、沼气、秸秆气化)解决方案，供暖节能方案等。

⑤公共服务设施规划　行政管理、教育设施、医疗卫生、文化娱乐、商业服务、集贸市场。

⑥绿化景观规划　村庄景观(风景)、景点规划，保护有历史文化价值的建筑物、历史遗存和古树名木。

⑦防灾、减灾安全规划　针对可能出现的灾害提出可行的安全防范措施。

(4)村庄经济发展规划：

①经济发展规划　经济发展规划是村庄规划的重要组成部分，对村庄的经济发展和村庄建设都起着决定性的作用。产业发展方向、目标，产业的结构调整，产业的近远期的发展策略以及具体落实措施，要与生产力空间布局进行有效的衔接，应在规划中作为重要的内容进行论述。

②村庄产业规划编制的要点　包括：因地制宜，分析村庄发展的现实条件，预测村庄宜农产业发展前景，制定村庄经济发展战略；确定村庄发展的主导产业和辅助产业，推进“一村一品”，做出多种可行性方案进行比较；对一些村庄不适宜发展的产业，提出限制性布局措施；提出规划实施的多种参考方案，包括明确资金投入的方向、重点、绩效和时序等。

(5)景观规划：村庄的景观规划是指村庄的整体环境的规划，既包括生态规划，又包括社会环境、经济环境和人文环境的统一规划。通过景观规划改变农村的整体环境，形成农村的新景象。

(6)近期建设规划：

①村庄近期规划　在做出村庄长远规划的基础上要做近期规划，近期规划一般为3~5年。近期规划重点是安排急需的项目，安排投资少、见效快的项目，但这些项目必须是长期规划中的组成部分。因此，各级政府要加大投入力度，与当地经济发展水平相适应，本着农民自愿，以满足多数农民合理的实际需求为目的，对涉及村庄近期建设的道路、基础设施、环境绿化等项目进行总体合理选址布局，协调与其他相关规划一致的安排，并制定近期实施的具体措施和方案。

②近期建设项目规划的要点　为指导村庄在近期解决当前面临的紧迫问题，在充分调研和尊重农民意愿的基础上编制近期建设项目规划。包括：优先解决农村内急迫要求改善的方面，区分轻重缓急，突出建设重点；重点加强农村基础设施建设和完善公共服务配套设施；在政府投入和村集体经济可以承受的范围内，不搞形象工程，防止大拆大建；考虑近远期建设结合，避免与今后城镇建设矛盾造成投资浪费；应是近期能够完成的项目；近期建设项目规划应落实建设的场站用地、主干管网大致走向、站点分布，配合必要的图纸表示，以表格汇总量化结果并估算投资，其中重点项目之外的投资(如产业项目、大型交通市政设施等)可以单独列出并分类标识，区分政府主导投入与市场引资投入的项目。

③近期建设项目规划的具体内容　包括：产业发展；道路交通；安全饮用水；排污和改厕；垃圾收集处理；公共服务设施；绿化美化环境；其他项目。

(7)农村住宅设计：

①农村住宅设计　根据村庄的实际情况和农民生产和生活的需要，因地制宜地规划设计符合农民需求、有地方特色的多样化农村住宅。住宅的形式多种多样，采取什么形式的住宅，要根据当地的经济条件，民族风俗习惯和自然环境条件来决定。

②农村住宅设计的原则　包括：坚持政府指导、农民自愿的原则；坚持因地制宜、体现特色的原则；坚持集约、节约用地、整治“空心村”的原则；坚持统筹兼顾、分类指导、

整治修建与新建相结合、循序渐进的原则；坚持保障安全、结构合理的原则；坚持遵照规划、合理设计、走可持续发展道路的原则；坚持节约能源、保护环境、注重美观的原则。

③农村住宅设计的要点　包括：农村住宅设计应在现有宅基地面积标准下，充分考虑农村生活习惯，提高土地使用效率，设计出功能合理的院落空间和房屋功能布局；有条件的村庄应规划居民组团或居民小区；农村住宅设计要采用当地材料，建筑形式应与地区环境和现状村庄面貌相互协调；农村住宅设计应考虑当地现有的成熟的施工做法，采取科学合理的工程措施以保证房屋安全；在外墙保温、室内供暖、照明通风、水电布线等方面提供科学合理、节能环保的做法；农村住宅设计应考虑现实需要、经济水平和未来发展，预留用地并留有建筑分期实施的条件，避免大拆大建造成的浪费。

④农村住宅设计的具体内容　包括：住宅设计；院落设计；建筑构造设计，外墙屋顶保温、吊炕等；新能源使用(太阳能、沼气、生物质等)。

2. 规划成果图纸

(1)现状和分析图：

①村庄区位图。

②相关上位规划图(如乡镇域总体规划)。

③村域土地利用现状图(1∶5000或1∶10 000)。

④村庄土地利用现状图(1∶1000或1∶2000)。

⑤其他。

(2)规划图：

①村域发展规划图(应结合产业发展布局)(1∶5000或1∶10 000)。

②村庄建设规划图(1∶1000或1∶2000)。

③村域道路交通规划图(可结合村庄道路交通规划图，合并为一张图)。

④村庄公共服务设施规划图(包括行政管理、文化体育、教育科技、医疗卫生、邮电金融、商业服务、基础设施、集贸市场等。重点保障公益型公共设施，指行政管理、文化体育、教育科技、医疗卫生、市政公用等。可根据实际状况选取有关内容)。

⑤村庄基础设施规划图(包括供水、排水、供电、电信、广电、能源利用、环境卫生、防灾减灾、竖向等。重点是供水、排水、环境卫生、防灾减灾等。可根据实际情况选取有关内容)。

⑥村庄绿化景观规划图。

⑦历史文化保护规划图。

⑧其他。

(3)近期建设项目有关规划图纸：

①近期产业发展规划图。

②近期村域用地发展规划图(可与上图合并)。

③近期村庄建设用地规划图。

④近期道路建设规划图。

⑤近期供水规划图。

⑥近期排水规划图。

⑦近期垃圾收集规划图。
⑧近期环境整治规划图。
⑨近期公共服务设施规划图。
⑩其他。
(4)农村住宅设计有关图纸：
①庭院平面图(1∶100)。
②住宅平面图(1∶50)。
③住宅立面图(1∶50)。
④住宅剖面图(1∶50)。
⑤建筑局部构造详图(可根据实际情况选画)。
⑥表现院落与住宅的透视图(表现形式不限)。
⑦其他。

第二节　农村产业发展规划

党的十九大报告提出，实施乡村振兴战略总的要求是产业兴旺、生态宜居、乡风文明、治理有效、生活富裕。产业兴旺是重点，生态宜居是关键，产业与生态的有机结合，为乡风文明、治理有效、生活富裕提供重要支撑。推进产业生态化和生态产业化，是深化农业供给侧结构性改革、实现高质量发展、加强生态文明建设的必然选择。农业农村是一个完整的自然生态系统。尊重自然规律，科学合理利用资源进行生产，既能获得稳定农产品供给，也能很好保护和改善生态环境。如传统的“桑基鱼塘”农业模式、浙江青田稻鱼共生系统、云南红河哈尼稻作梯田系统、贵州从江侗乡稻鱼鸭复合系统等，都是这方面的成功典范。

一、村庄产业发展的基本思路

改造提升农村传统产业，提高生态化水平。促进产业融合，延伸产业链，提高农业产品附加值；拓展功能融合，有效挖掘农业的多功能领域，为市场提供多元的产品供给。加速主体融合，加快培育新型农业经营主体，发挥好其引领带动作用，把小农户吸引到现代农业发展中来。

改善农业生态系统，增强可持续发展能力。明确保护生态环境的底线要求，转变粗放的发展方式，最大程度减少资源消耗，恢复和提升农村生态环境。同时，通过环保监督、生态恢复、生态产品标识认证等公共服务，对生态产品和生产全过程的生态性实施有效管理。

拓展“生态+”模式，做大做强生态产业。注意发掘和拓展农业在历史传承、文化体验、生态保护等方面的多功能属性，把农村农业的生态价值充分释放出来。加强生态产品的科学规划设计，健全生态产品和服务的技术支持体系，实现传统产业产品的改造升级。

产业体系拓展，接二连三。一、二、三产融合发展是构建现代农业产业体系的重要途径，即：农牧渔结合、种养加循环，一、二、三产融合，做强一产、做优二产、做活三产，推动农业由平面扩张向立体拓展，形成资源有效利用、功能充分发挥的现代农业产业体系。尤其是到了“美丽乡村规划的 2.0 升级版”建设期，农村的活力不仅在于村容村貌的美化，更多的是能留住乡愁，而这则取决于产业经济的活力。传统的一产经营，显然已经不需要过多劳动力，且传统农作方式的产出较低；万村景区化，意思就是联动一、二、三产业发展，依托传统农业、带动现代农业设施建设，联动农产品加工等二产发展，积极开发乡村旅游业的产业创意模式。

加强政府配套服务，强化顶层设计。在国家层面出台促进产业生态化和生态产业化的指导性意见，明确财政、税收、土地、金融等支持政策，加大对产业融合发展的支持，加大对绿色生态农业及其产业的支持，促进农业资源可持续利用，增强农业产业的整体竞争力。要加强生态产业市场秩序监管，制定生态产品和服务的统一标准规范，实行标准化生产和全过程化控制，保障产品和服务质量。

二、村庄产业发展的原则

1. 以人为本、可持续发展的原则

通过科学规划合理布局，做到人与自然的和谐，特别注意基础设施的建设及污水、垃圾的治理，进一步改善农村生活方式，改善农民居住环境，提高农村生活质量。

2. 农民自愿、尊重民意的原则

在村级规划建设中，在强调政府主导作用的同时，必须自始至终突出农民在规划中的主体地位，发挥农民的积极性和创造性，不搞大包大揽。要按照农民意愿和需要进行规划，增加农民对村级建设规划的知情权、参与权。广泛征求农民的意愿，以农民满意和不满意作为规划编制的衡量标准，反映农民的要求，保护农民的利益。

3. 实事求是、因地制宜的原则

针对村庄的经济水平、文化素质等情况，实事求是，整体规划，分步实施。充分利用资源和现有基础改造原有产业，发展优势产业。在公共设施和人居环境整治上，既要规划旧房改造，又要规划集中居民点；既要按需要新建公共设施，又要注重原有设施的维护和利用，完善服务功能。

4. 有利发展生产、方便生活的原则

规划要有利于农村经济发展和农村产业结构调整，同时体现人性化，通过精心组织，合理布局，使农民的生产和生活更加便利和舒适。

5. 突出地方特色、宣扬文化自信的原则

统筹建设不能丢掉当地传统的建筑文化。规划应与当地经济社会发展的要求相适应，充分考虑地形地貌，适当兼顾民风习俗。挖掘乡村文化，彰显特色，建设一批高标准、传世的、充满文化艺术气息的建筑，这对整个社会的推动有着无法估量的价值。回归乡村社会朴素的人情美，恢复和保留传统宗祠、姓氏文化，保留乡村人淳朴善良的优良品质与文化，凸显与城市流行文化不同的传统文化。

6. 整体性原则

从环境与村域空间的整体性出发，统筹布局建筑、道路、绿化等空间，塑造富有特色的美好乡村整体形象。

三、村庄产业规划的内容

①分析村庄资源现状及特色文化。
②阐述村庄产业发展的现状与存在问题。
③确定产业发展规划的指导思想及目标。
④规划重点发展的产业项目及空间布局。
⑤村庄产业结构规划。
⑥保证规划实施的措施及建议。

第三节　村庄用地空间布局规划

村庄用地空间布局规划是指依据乡镇镇村布局规划确定的村庄布点，安排村庄的居住、公共服务、基础设施等的布局，满足当前农民建房规划管理的需要，引导村庄合理有序建设。

一、村庄用地空间布局原则及内容

村庄用地空间布局应在因地制宜的原则下，合理安排村庄各类用地，即居住建筑、公共建筑、道路、绿化、市政设施及其他用地。

1. 集中紧凑布局，避免无序扩张

科学划定农业生产空间、农民生活空间和农村生态空间“三生”空间，合理调整土地利用结构，实现土地资源的集约高效利用。加强居民点的合理规划，提高乡村聚落的整体性和空间的紧凑性。避免乡村空间四处扩张、无序蔓延。

2. 结合自然条件和地方文化，突出地方特色

(1)院落空间组织：积极引导村庄院落空间的建设，可利用纵横方向多进的方式和道路转折点、交叉口等条件组织院落空间，形成村庄空间特色。

①单户独立单元平面布局　为村民的生产活动保留一定的空间，因此，农村住宅单体多采用带有庭院的院落式布局。根据庭院位置不同，可将其设计成 3 种形式，即前院式、后院式以及前后院式，院落的分布特点，增加了农村房屋的使用功能，分成了前院与后院 2 个空间，前院可以进行一些日常活动，如接待客人，家庭生活必备等；后院则用于农民从事辅助生产，农民会种植一些自己日常生活所需的家常菜。前后院使用合理，布局都是在农村原有基础上进行改善，得到农民的广泛认可(图 7-1)。

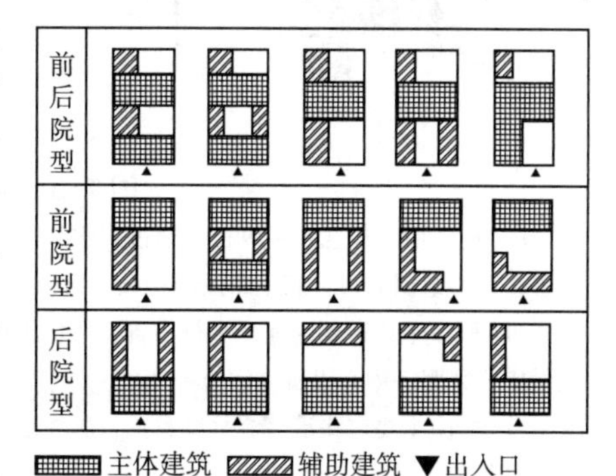

图 7-1　单户独立单元平面布局示意图

②多户邻里单元平面布局　针对当下农村的需要，为了把农村打造成独具特色的个体，需要结合现代元素，进行整体设计(图 7-2)。

(2)滨水空间利用：村庄布局应处理好水与道路、水与建筑、水与绿化、水与水、水与产业、水与人的活动之间的关系，充分发挥滨水环境和景观的优势(图 7-3)。

(3)与地形结合：地形地貌是影响村庄整体形态布局的重要因素，按照不同的地域特征可将村庄划分为 3 种形式，即丘陵地区、平原地区和水网地区。

①丘陵地区　地处丘陵地区的村庄受其地形影响较大，在进行村庄规划时，要充分考

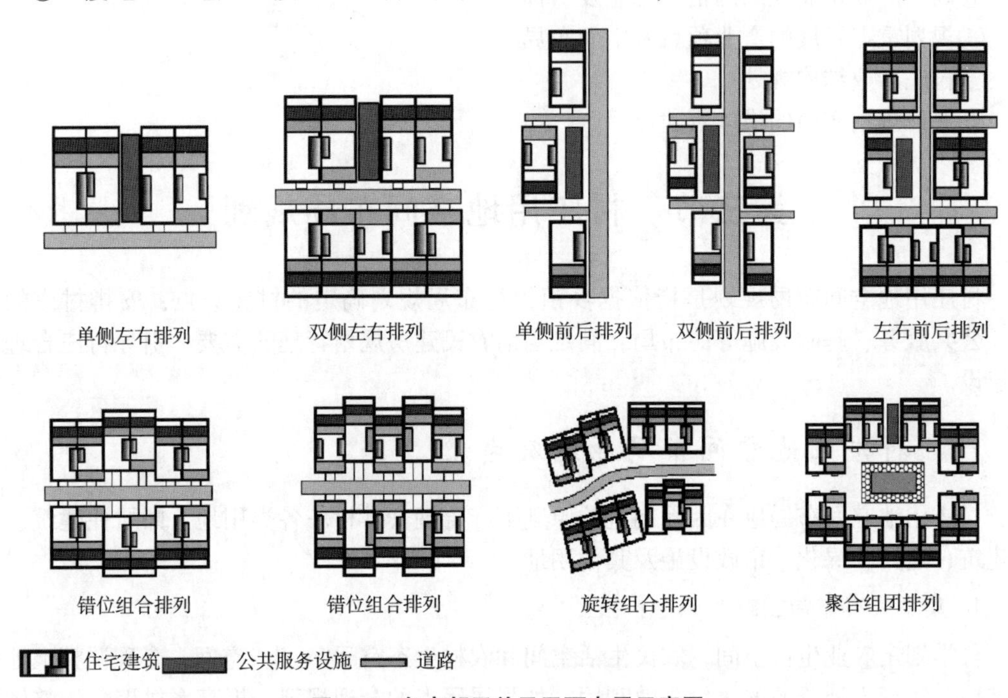

图 7-2　多户邻里单元平面布局示意图

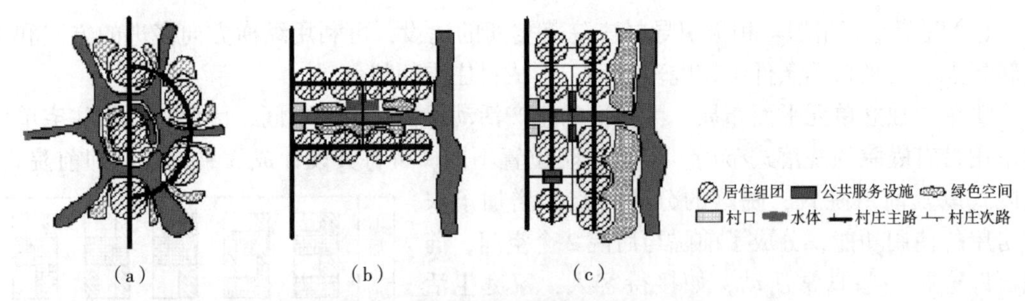

图 7-3　滨水区域村庄用地布局示意图

(a)村庄所处地区水网纵横，通过对水系的引导，使居住组团隐于水网之中，将公共服务设施结合绿色空间集中设置在核心组团周边，其他组团围绕核心组团成弧形或者扇形分布。

(b)村庄主要道路沿河流平行布置，居住组团依托主要道路流横向展开，公共服务设施与水体、绿色空间结合形成村庄公共服务中心设置在河流一侧。

(c)村庄主要道路沿河流垂直布置，居住组团沿着主要道路纵向展开，公共服务设施结合水网形成一个或者多个公共服务点。

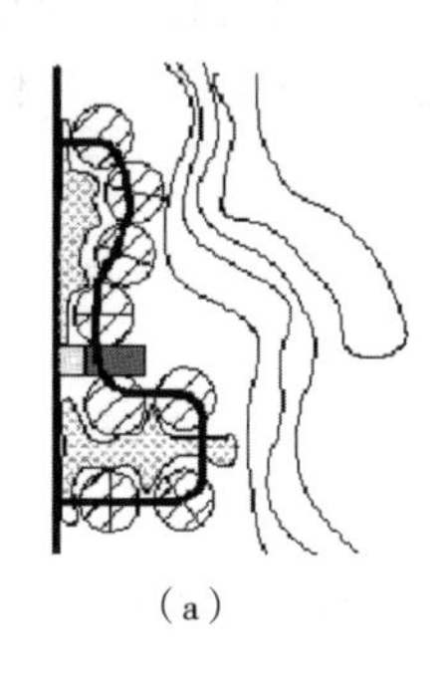

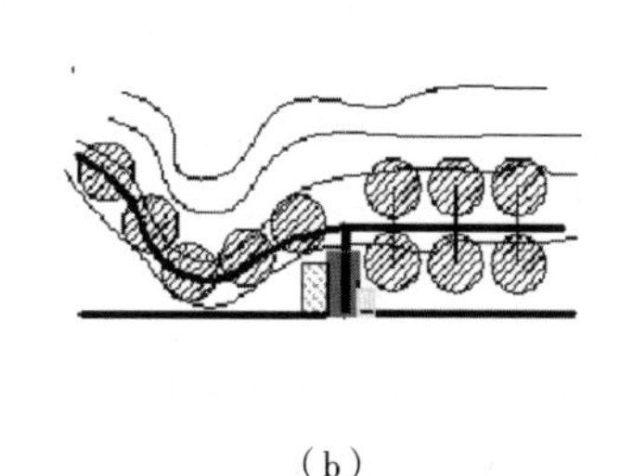

居住组团 公共服务设施 绿色空间
村口 水体 村庄主路 村庄次路

（a）　　　　　　　　　　（b）

图 7-4　丘陵地区村庄用地布局示意图

（a）村庄依山而建，纵向分布。

（b）村庄主干道路与山体走向一致，所建房屋可以考虑选择沿村庄主要道路向南北展开，村口与山体的绿化相结合形成天然“绿波”，并留出一片平坦空闲用地，来建造供人们休闲娱乐的公共设施，如修建广场，形成进村门户。

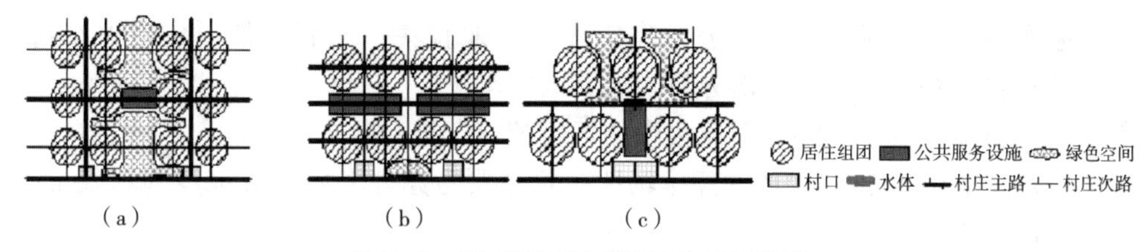

图 7-5　平原地区村庄用地布局示意图

（a）村庄主要道路垂直于外部道路布置，居住组团依托村庄主要道路纵向展开，公共场所和公共绿色空间和公共服务设施可集中设置在村子的中心位置。

（b）村庄主要道路与外部道路方向一致规划布局，在村内的主干道路进行公共基础设施的建设。

（c）村庄主干道与外界联系的道路平行分布。

虑地形之间的差异。为了适应地形的变化，通常可采用两种布局方式：一种是平行分布，另一种是垂直分布（图 7-4）。

②平原地区　由于其平坦辽阔，在规划建设上具有极大的可塑性。村庄通常采用一条主道贯通，居民住宅分列两侧（图 7-5）。

3. 结合生产生活方式，体现村庄特色

（1）街道空间布局：结合市场需求，引导沿村内道路布置连续的公共服务设施和住宅，形成一条或多条街道空间，提升村庄活力。

（2）村口：在主要出行方向选择合适位置形成村庄出入口，以体现地方特色和标志性。

4. 新旧村庄的结合，形成合理有序的空间结构

（1）组团组织形式：结合地形地貌、道路网络、村组单元和整治内容，可将村庄划分为若干大小不等的住宅组团，形成有序的空间脉络。

①组团——村庄　结合地形、地貌、道路网络、村组单元和整治内容，可将村庄划分为若干大小不等的住宅组团，形成有序的空间脉络；②院落——组团——村庄　不同的院落结构形式组成不同的组团，通过路网、景观轴线等有机结合形成村庄；③院落——村庄　梳理道路网络、整治不协调院落，可形成有序的空间脉络。

(2)生产辅房：在满足卫生和生产安全的前提下，小型家庭生产可以户为单位分散布置，大规模生产可在村庄周边地区相对集中布局，以适应农业生产，方便村民生活。

二、其他空间布局规划内容

1. 道路网布局

(1)系统：强调可达性，强调村庄边界与自然的融合。

(2)宽度：与村庄规模和生产方式相对应，进行道路等级与宽度划分与设置。

①村庄主要道路　路面宽度6~9m；道路两侧建筑退让2~2.5m。

②村庄次要道路　路面宽度3~5m；道路两侧建筑退让2~2.5m。

③宅间道路　路面宽度2.5~3m。

(3)停车系统(静态交通设计)：停车场地的布置主要考虑停车安全和停车的方便，分别进行设计。

①私家农用车停车场地、多层公寓住宅停车场地宜集中布置，低层住宅停车可结合宅、院分散布置，并可适当考虑部分村内道路内停车；

②公共建筑停车场地应结合车流集中的场所统一安排；

③有特殊功能(如旅游)村庄的停车场地布置主要考虑停车安全和减少对村民的干扰，宜在村庄周边集中布置；

④道路两侧建设以绿化为主(乔木+灌木)，道路路面建设乡土化、生态型硬质铺装。

2. 公共服务设施布局

公共服务设施可分为经营性公共服务设施和公益性服务设施。

公益性服务设施包括：文化、教育、行政管理、医疗卫生和体育健身等。

经营性公共服务设施包括：日用百货、集市贸易、食品店、粮店、综合修理店、小吃店、便利店、理发店、娱乐场所、物业管理服务公司和农副产品加工点等公共设施。

公共服务设施布局相对集中，布置在村民方便使用的地方(如村口或村庄主要道路旁)。分为点状(小规模)和带状(较大规模)两种形式。点状布局应结合公共活动场地，形成村庄公共活动中心；带状布局应结合村庄主要道路形成街市。

3. 市政公用工程设施布局

(1)污水处理设施：农村污水处理通常采用源分离技术，即将粪便(黑水)和洗涤(灰水)的收集、处理分开来进行，黑水利用厌氧沼气池或沼气化粪池处理，黑水集中了生活污水中的绝大部分营养物质，具有很好的利用价值。另外，沼气对于欠发达地区的水污染(包括人畜粪便、农副产品和有机垃圾)具有重要的意义，是分散处理控制污染的一种很好的形式；灰水和初期雨水可以通过物理或生态工程(如湿地)进行简单的处理，这样不仅可以较好地实现物质循环，而且省去了烦琐的生物处理和巨额的管网投资。对于村庄而言，污水处理设施一般分为分散处理模式、集中处理模式两种。

①分散处理模式　分区收集生活污水，每个区域污水单独处理。采用小型污水处理设备、自然处理等工艺形式。本模式具有布局灵活、施工简单、管理方便、出水水质有保障

等特点。适用于规模小、布局分散、地形条件复杂、污水不易集中收集的村庄污水处理。较多应用在村镇布局分散的地区。

②集中处理模式　收集所有农户产生的生活污水，利用一处设施进行处理，采用自然处理、常规生物处理等工艺形式。本模式具有占地面积小、抗冲击能力强、运行安全可靠、出水水质好等特点。适用于规模大、经济条件好、村镇聚居点比较集中的乡镇或村污水处理。主要应用在村庄分布密集、紧凑的平原区。

(2)垃圾中转站、垃圾收集点：村庄垃圾收集按照“组保洁、村收集、镇转运、县(市)处理”，进行布点设置。

(3)公共厕所：1500 人以下规模的村庄宜设置 1~2 座公厕，1500 人以上的村庄宜设置 2~3 座公厕。

(4)给排水规划：

①给水系统规划　我国农村大部分地区大都采取自行、分散的给水方式，根据区域性给水系统理论，农村宜因地制宜地采取集中给水模式或给水集中管理模式。换言之，要在地形较为平坦或有利于给水管网敷设的地区，积极推行集中给水模式的规划建设。合理选择若干给水能力较强的地下或地表水源，合理确定用水量指标，统筹规划城乡一体的给水管网，并按照一定的原则对给水管网进行分区，将管网系统分为若干个分区，实行分区给水，实施区域管理。为保证安全用水，各分区之间用应急管道连通，分区之后的管网系统，给水管和配水管功能明确。

其水源来源一般分为两种，一种是依托附近乡镇补给；另一种则是环境优美、无污染山区乡村多采用的山泉水补给。

②排水系统规划　排水系统的平面布置根据地形、周围水体情况、污水种类、污染情况等来确定，主要分为以下 3 种布置形式：直排式布置、分散式布置、集中式布置。直排式布置多用于雨水排放系统；分散式布置多用于场地起伏不平或需要按用地功能进行不同的排水处理；集中式布置多适用于布局紧凑，农村建设成连续性带状或环状布置时，通常将污水集中处理，这种布置便于发挥规模效益，占地少，节省基建投资和运行管理费用。

(5)电力电信规划：一般都根据人口增长、产业布局等生产和生活要求，选择适当的电力电信容量，并依托美丽乡村规划，“三上三下”工程，基本实现电力电信网络地下敷设。

4. 防灾减灾规划

(1)消防规划：消防是农村的一大重任，必须做好消防规划以保护人民生命财产安全。

在具备给水管网的的村庄，应该合理设置其消防措施，防止突发情况对农村基础设施的破坏，从而减少灾害损失，尽全力保障人民的财产安全。

消防通道应尽可能地利用村庄交通道路，既可以快速应急，又节约了建设成本，提高了道路的综合利用率。

(2)防洪规划：对于地处丘陵地区的村庄，因其地形跨度大，要做好防洪防涝的布置。对于临山靠水的村庄，可以修筑截洪沟来增加防洪效果。

对于地处平原地区的农村，应适当设置屏障来增强村庄抗灾害能力，可修建防洪堤以保证场地的安全。

在一些水土流失严重的村庄，对可能造成滑坡、泥石流的地段，可采用挡土墙或者加固边坡，进行场地防护。

(3)防风规划：新村庄的建设选址应该选在风力低，风沙相对较少的位置。这样可以改善农村居民的居住环境。同时也要积极进行村庄的绿化建设，从根本上改善自然环境所带来的影响。

(4)防震规划：新农村房屋的建设应该满足一定的防震强度要求，要能抵抗地震灾害，设置避难通道，做好防灾的准备工作。农村人口密集度不是很高，要根据具体村庄的具体情况进行防震的处理，力保农民的生命财产安全。

5. 生产用地布局

产业布局一般从镇(市、区)域的角度考虑，结合本地产业发展情况，推进产业特色化、多样化、现代化发展。村庄生产用地布局，根据工业用地规范要求进行集中布局。一般多布局在下风口、河流下游且与居住片区有一定隔离带的区域。

第四节　村庄绿化景观系统设计

村庄绿化是建设社会主义新农村的重要内容之一，是改善城乡生态环境的重要途径，应以科学发展观、两山理论为指导，以净化、洁化、美化农村环境，不断改善村庄的生态质量，提高村庄绿化的水平和档次，最终达到提升村庄建设水平的目的，以及改善农村生产生活条件和提高农村群众生活质量的目标。

一、绿化布局原则

在城乡绿化建设过程中，不能仅仅为了绿化而绿化，尤其是在乡村区域，自然山林、田园风光本就是一个很大的绿化景观区域，在乡村的绿化景观设计中，应重点考虑美化、休闲、文化等价值。

(1)整体性原则：注重村庄风格的协调统一，结合山水、田园布置，呈现自然、简洁的村庄整体风貌，形成四季有绿、季相分明的村庄绿化景观效果。

(2)生态优先原则：把改善村庄的生态环境作为首要目标，以绿为主，建设结构合理、乔灌花草配置的村庄绿化体系，鼓励和支持发展庭院林业经济，实现经济效益，社会效益，生态效益的有机结合，促进农民致富奔小康，以构建生态性村庄。

(3)休闲性原则：充分利用得天独厚的温泉、河塘、河流、农产品资源，发展为近水、看水、玩水，具有生态水景观特色的休闲村庄。很多村庄通过河道整治和景观设计，在河道两边设置戏水平台、生态浮岛、湿地景观带、休闲广场等节点把整条河道的景观串联起来，增加绿化，美化环境，改善水质，实现村庄绿化景观可持续发展。

(4)突出重点原则：把进村道路、康庄道路、村内主干道、土地整理项目的园区道路，河岸(河堤)，庭院，入村口，重要文化(含古建、民居等)节点，作为村庄绿化的重点，

结合各村的特点，采用合理的绿化布局和灵活多样的绿化形式，充分利用村庄现有的绿化成果，做到重点突出、发展与保护并重，改造与建设并举，在加快村庄绿化的同时，加强对村庄森林资源，古树名木等绿化成果的保护。

二、绿化景观设计思路

在村庄绿化景观设计中，其整体规划应采用"点""线""片(面)"相结合的手法组织景观点，营造流线生动、步移景移的景观效果，布局安排合理，营造出一个适宜居住的美丽农村环境。

①在村口设置的新村牌坊以及景观小品，这是整个景观轴线的开端。

②应沿着村内主干道(或过境道路)、绕村河道，设置景观轴线。

③可以在分支水系与道路交汇处、重要道路节点处、河塘周边等区域设置绿化景观节点。

④在公共活动服务区域，如村民广场(活动中心)、室外体育活动公园、村部祠堂、养老院、幼儿园、医务室以及村委会、商业服务中心、中心停车场等区域，可设置小的景观节点以及园林绿化景观。

⑤庭院绿化景观设置，如天上点缀星星，因为最易影响居民环境体验，是这个绿地景观网络系统中最重要的景观节点。

⑥结合农业产业规划，合理设计田园景观，是绿化景观系统中的"片(面)"元素。

三、植物设计方法与手段

1. 绿化设计

以维护区域生态平衡为宗旨，用生态、景观、经济效益相结合的模式进行绿化设计，形成乔灌木以及花草混交的植物群落，构成有机的村庄绿化生态体系，树种选择上既要从组织风景、丰富林相、提高景观出发，又要结合土壤特性、地质特性和气候条件等因素，本着因地制宜、适地适树的原则，尽量选用本地适生树种和乡土树种，并做到速生树种和慢生树种、常绿树种和落叶树种的合理搭配，使树种的生态习性和环境条件以及景观特性相统一。

2. 植物配置

树种的选择应以具有地方特色(乡土性)、多样性、经济性，易生长，抗病害，生态效应好的品种为宜。绿地植被营造以灌木为底色，以乔木为绿化主体，使绿地环境具有良好的生态效应，以花灌木为补充，增强绿地的景观效果，池岸及道路等公共区域绿化以山茶花和垂柳等为基调树种，突出主题种群，局部区块及农户房前屋后则以四季桂、红花檵木球等树种为主，营造出特色鲜明的村庄绿化品相。

四、绿化区块的主要内容

村庄绿地区块主要有以下内容：村口绿化、道路绿化、溪水(滨河景观)绿化、河塘绿化、庭院绿化、公共活动区域绿化、田园绿化、宅旁绿化等。其中村庄绿化植物选择，可参考表 7-1。

表 7-1　道路绿化植物配置模式推荐表

绿化方式	主要配置模式	模式特点及说明	适用范围
乔　灌	①杜英(香樟)、珊瑚树(大叶黄杨、海桐)；②乳源木莲(乐昌含笑)、红叶石楠(红花檵木、火棘、金叶女贞)；③大叶榉(香椿、黄山栾树)、珊瑚树(大叶黄杨、海桐)；④杜英(香樟)、玉兰(无患子)、珊瑚树(大叶黄杨、海桐)	模式①③植物配置较经济，实用性强；模式②绿化档次较高，选用彩叶灌木观赏性强；模式④为常绿落叶乔灌模式，常绿与落叶树种可间隔 1 株或 2 株栽种	模式①~④适合山区、半山区；模式③适合平原
小乔木灌木	①厚皮香、铁冬青、女贞；②旱柳、珊瑚树(大叶黄杨、海桐)；③山玉兰(红叶李、石榴)、金叶女贞(火棘、红叶石楠)；④桂花、金叶女贞(火棘、红叶石楠)	选用小乔木、适宜空间窄小的道路两侧绿化。模式①②绿化树种较普通，养护方便，实用性强；模式③④观赏价值高，可观叶、观花、观果	模式①②适合山区、半山区；模式③④适合平原及城郊村
灌　木	绿篱型绿化：①小蜡(水蜡)、火棘；②珊瑚树、椤木石楠；球状型绿化：③大叶黄杨、海桐；④金叶女贞、火棘(红叶石楠、红花楠木)	适合村庄内空间窄小道路两侧。绿篱型绿化修剪等养护方便；球状型绿化种类、色彩、高低、种类可自由搭配，错落有致，艺术性强	各类型村庄均适合
花坛式绿化	①灌木类：红叶石楠、红花檵木、金叶女贞、火棘、茶花、月季、云南黄馨；②草花类：菊花、大丽花、鸡冠花、千日红等	适合村庄内空间窄小道路两侧。选用灌木类植物作花坛绿化，观赏期长，管理方便；选用草花类植物作花坛绿化，可自由更换种类，花色品种丰富	

1. 村口绿化

一般选择入村口前后 500m 范围内的空地，立村牌(村牌可选择大块石头、门牌、木质村牌、创意村牌小品等)，入村口的绿化景观应以村文化为主题背景，结合景观设计理念，利用乔木、灌木生长或者树形寓意、花语特征等，形成村庄的特色景观。

2. 道路绿化

通常树种采用常绿有花乔木和彩色灌木种植或者大乔木和小乔木间种，如‘四季’桂和红花檵木球间隔种植；白玉兰和红枫间隔种植等。一般进出村道路两侧配置 1 行以上乔木，常青树种采用隔株栽植或营造小景点；村中街巷绿化以栽植长寿的高大乔木为主，并适当配置花灌木。

3. 河塘绿化

根据河塘大小以及所处区域不同，不同的河塘配置不同的树种，以垂柳为基调树种，可以搭配黄山栾树、紫薇、山茶花、红叶李等，使得每个河塘都有其独特之处；也可以在河塘中种植荷花、睡莲、菖蒲等水生植物。

4. 河道设计

作为重要的滨河景观，在村庄景观系统中非常重要，一般在滨河景观设计中采用点线面结合，以点带面，串点成线，点、线、面统筹衔接，提升沿线景观整体效应。即在合理地方设置亲水平台、观景平台等小景观，周边植物配置宜根据水生植物和观景植物综合配

置选择。

5. 庭院绿化

尽量选择长寿的高大乔木树种和经济林树种；并配以易种植的乡土草本或者小灌木种植，如凤仙花、栀子花、串串红、鸡冠花等。

6. 公共活动区域绿化

村委、街心公共场所绿化可栽植长寿高大乔木片林，也可配置以花灌木为主的小景点或绿化小品，提高绿化档次。

7. 田园绿化

田园绿化宜用经济林和用材林进行配置，而观景台等小景点则根据具体的景点文化特点进行配置。

8. 宅旁绿化

宅旁绿化主要指房前屋后的绿化种植，应充分利用空闲地和不宜建设的地段，做到见缝插绿。宅旁绿化应根据当地的气候条件种植瓜果蔬菜和石榴、柿树、枣等经济林果，也可少量配植梅、竹等传统园林植物。边角地带可以种植一些较易成活且抗逆性较强的植物，如常用的红叶石楠、石楠。

①宅前绿化　宅前绿化可以菜地为主，局部散种果树。果树应选择落叶型，如石榴、梅子、枣、桃等。

②宅侧绿化　根据宅侧空间大小，灵活布置菜地、灌木、攀缘经济作物或园林植物，做到见缝插绿。可配植龟甲冬青、海桐、金叶女贞、大叶黄杨等灌木绿篱；或者紫薇、丁香等比较低矮的花灌木，提升美化水平。宅侧也可以进行垂直绿化，农户可自搭棚架或者利用自家矮墙，种植葫芦、丝瓜、苦瓜等农作物，或者葡萄、金银花等经济作物。

③宅后绿化　宅后可种植银杏、桃、梨等经济果树，还可以防止西晒和阻挡冬季的西北风，空间较大的宅后可种植生姜、花椒等经济作物。

第八章　生态环境规划实习

第一节　区域生态环境概述

一、我国生态环境的现状及问题

中国生态环境的现状是：总体在恶化，局部在改善，治理能力远远赶不上破坏速度，生态赤字逐渐扩大。主要问题为：水土流失严重、沙漠化迅速发展、草原退化加剧、森林资源锐减、生物物种加速灭绝、地下水位下降，湖泊面积缩小、水体污染明显加重、大气污染严重和环境污染向农村蔓延等。

1. 20 世纪水土流失严重，治理已取得初步成效

中华人民共和国成立初期，全国水土流失面积为 $116\times10^4km^2$。据 1992 年卫星遥感测算，中国水土流失面积为 $179.4\times10^4km^2$，占全国国土面积的 18.7%。中国水土流失特别严重的地区(从北到南)主要有：西辽河上游、黄土高原地区、嘉陵江中上游、金沙江下游、横断山脉地区，以及部分南方山地丘陵区。随着国家全面启动了跨世纪的生态环境建设工程，生态环境建设的主要对象就是要治理水土流失，加强水土保持建设，我国的水土流失问题已经得到了有效的缓解，初步治理的水土流失面积是 $96km^2$，批准并且实施水土保持方案达到了 25 万多项，有效促进了我国经济社会的可持续发展(王玉璐，2017)。

2. 土地沙漠化受害较深，治沙技术仍在攻关

根据第五次全国荒漠化和沙化监测情况，截至 2014 年，全国荒漠化土地总面积 $261.16\times10^4km^2$，占国土总面积的 27.20%，荒漠化土地分布在 18 个省(自治区、直辖市)、528 个县(旗、市、区)。荒漠化类型多，有风蚀、水蚀、盐渍化、冻融荒漠化等。全国沙化土地总面积 $172.12\times10^4km^2$，占国土总面积的 17.93%。沙化土地分布于 30 个省(自治区、直辖市)、920 个县(旗、市、区)。中国荒漠化和沙化土地面积大，类型多，分布广，严重影响区域生态安全和经济社会可持续发展，治理任务艰巨。目前采用的沙漠化防止手段包括设置沙障、在沙面上覆盖致密物、利用废塑料治理沙漠、恢复与重建、植物治理等手段。

3. 多管齐下，草原退化情况已逐步控制

20 世纪 70 年代，草场面积退化率为 15%，80 年代中期已达 30%以上。全国草原退化面积达 10 亿亩，目前仍以每年 2000 多万亩的退化速度在扩大。由于草原退化，牧畜过载，牧草产量持续下降。自 2003 年以来，国家通过退牧还草工程、京津风沙源治理工程、西南岩溶地区草地治理试点工程、草原自然保护区建设项目、三江源生态保护和建设工程、甘南黄河重要水源补给生态功能区的生态保护与建设规划、草原生态保护补助奖励机

制等措施和手段，全国草原综合植被盖度由2011年的51.00%增加到2013年的54.20%，2014年为53.60%，略有下降，2015年开始回升。全国天然草原鲜草产量由2006年的94.31×10^{7}t增加到2015年的10.28×10^{8}t，增加了9.00%；全国天然草原干草产量由2006年的29.59×10^{7}t增加到2015年的31.73×10^{7}t，增加了7.26%(杨旭东 等，2016)。

4. 森林资源面积逐步回增

20世纪90年代之前，中国许多主要林区，森林面积大幅度减少，昔日郁郁葱葱的林海已一去不复返。自从退耕还林政策实施以来，我国森林资源面积稳步增加。根据《2019—2025年中国森林资源行业发展现状分析及市场前景预测报告》，1990年到2015年，全球森林资源面积减少了19.35亿亩，而中国的森林面积增长了11.2亿亩。在森林增长的同时，中国林业产业总产值从2001年的4090亿元增加到2015年的5.94万亿元，15年间增长了13.5倍，对7亿多农村人口脱贫致富做出了重大贡献，对“绿水青山就是金山银山”做出了最好的诠释。中国目前已成为世界上森林资源增长最多和林业产业发展最快的国家。

5. 地下水位下降，湖泊面积缩小

多年来，由于过分开采地下水，在北方地区形成8个总面积达1.5×10^{4}km^{2}的超产区，导致华北地区地下水位每年平均下降12km。1949年以来，中国湖泊减少了500多个，面积缩小约1.86×10^{4}km^2，占现有面积的26.3%，湖泊蓄水量减少5.13×10^{10}m^3，其中淡水量减少3.4×10^{10}m^3。

6. 水体污染明显加重

2015年底，国家环保总局对外公布的数据表明，在七大水系的412个水质监测断面中，一至三类、四到五类和劣五类水质的断面比例分别为41.8%、30.3%和27.9%。其中，海河水系属于重度污染，辽河、淮河、黄河、松花江属于中度污染，长江属于轻度污染，而珠江总体水质良好。在所监测的27个重点湖库中，仅有2个达到了二类水质，5个为三类，4个为四类，6个为五类，达到劣五类的为10个。其中的三湖(太湖、巢湖和滇池)水质均为劣五类。作为北方重要水源的黄河，有38.7%基本丧失使用功能。

7. 三废污染日益严重

中国大气污染属于煤烟型污染，北方重于南方；中小城市重于大城市；产煤区重于非产煤区；冬季重于夏季；早晚重于中午。目前中国能源消耗以煤为主，约占能源消费总量的3/4。煤是一种肮脏能源，燃烧产生大量的粉尘、二氧化碳等污染物，加之汽车尾气排放是中国大气污染日益严重的主要原因。近年来，废渣存放量过大，垃圾包围城市。中国废渣年产生量已超过5.0×10^{8}t，处理能力赶不上排放量。随着物联网事业的发展，根据国家邮政管理局披露的数字，2017年快递行业包装使用量达400亿件。产生的固体废物含：塑料快递袋80亿个，快递包装箱40亿个。全国一年纸箱包裹需要的瓦楞纸箱原纸多达4.6×10^{7}t。换算成造纸用的树木，约等于7200万株树，相当于用掉足足46.3个小兴安岭。

8. 环境污染向农村蔓延

当前，我国经济飞速发展，农村城市化进程逐步加快，但应引起关注的是，农村生态环境恶化、地下水的污染和缺失，已严重影响到了农村的可持续发展(路明，2008；段峰

等，2016）。随着美丽乡村的建设与发展，农村人居环境优化也日益得到重视，各地因地制宜、真抓实干，广大农民群众积极行动、全面参与。2018 年全国完成农村改厕 1000 多万户，农村改厕率超过 50%。2019 年上半年，全国新开工建设农村生活垃圾处理设施 5 万多座，农村生活污水处理设施 8 万多座，新开工农村户厕改造 1000 多万户，农村人居环境整治各项重点任务正在稳步推进。

二、区域生态环境网上数据来源

区域生态环境特征分析首先要进行区域生态环境调研，尤其要关注垃圾（固体废弃物）收集、处理等内容，关注城市区域内工业生产活动、交通生活出行等产生的大气污染、噪声污染等情况，关注农村农业生产可能产生的土壤面源污染等内容。除了向环境监测站、环保局等单位实地获取数据外，还可以通过网络来获取。推荐以下几个有关区域生态环境质量监测的网站。

1. 大气环境质量监测网站

http://106.37.208.233：20035/，此为全国各个城市空气环境质量实时发布平台，各个监测站点的 PM_{10}、$PM_{2.5}$、AQI 值、CO、SO_2、NO_2、O_3。

http://106.37.208.228：8082/，此为全国空气质量预报信息系统（含省域和城市），预测各个监测站点的 PM_{10}、$PM_{2.5}$、AQI 值。

2. 水环境质量监测网站

http://123.127.175.45：8082/，此为国家地表水水质自动监测实时数据发布系统，记录各个水质站点的 pH 值、溶解氧、氨氮、高锰酸盐指数、总有机碳、水质类别。

3. 噪声环境质量监测数据

http://www.cnemc.cn/jcbg/shjbg/，此网站为中国环境监测总站提供的声环境报告（按季度统计）。

第二节 区域生态环境规划内容

一、生态环境规划的类型及作用

（一）生态环境规划的类型

1. 按规划期划分

按规划期可分为长期生态环境建设规划、中期生态环境建设规划以及年度生态环境建设规划（高甲荣，2006）。①长期生态环境建设规划一般跨越时间为 10 年以上。②中期生态环境建设规划一般跨越时间为 5~10 年，5 年生态环境建设规划一般称为五年计划。五年计划便于与国民经济发展计划同步，并纳入其中。③年度生态环境建设规划实际上是五年计划的年度安排。它是五年计划中分年度实施的具体布局，也可以对五年计划进行修正和补充。

这些生态环境建设规划的内容也有所不同，一般跨越时间越长越宏观。长远生态环境

建设规划着重于对长远生态环境建设目标和战略措施的制订，而年度生态环境建设规划则是每一个措施、工程、项目以及任务的具体安排。由于我国国民经济计划体系是以五年计划为核心的计划体系，所以五年生态环境建设规划也是各种生态环境建设规划的核心。要正式纳入国民经济社会发展计划之中，从生态环境规划的目的来讲也是重视中长期生态环境建设规划(含五年生态环境建设规划)，而年度生态环境建设规划往往形不成一套完整的规划，仅是中期规划中某些环境保护工作的安排计划。

2. 按性质划分

生态环境建设规划从性质上分，有土地利用规划、水资源利用规划、水土保持工程规划、林业生态工程规划、防沙治沙规划、生态农业工程规划、草地保护与建设规划、自然保护区规划、土地整治与复垦规划。

3. 按人工化程度划分

按照人工化的程度可将生态环境建设规划分为自然保护规划和生态建设规划 2 类。

(1)自然保护规划：是指采用行政、技术、经济和法律等各种手段，对自然环境和自然资源实行保护。保护的对象相当广泛。主要有土地、水、生物(包括森林、草原和野生生物等)、矿藏、典型景观等资源。其重点是保护、增殖(可更新资源)和合理利用自然资源，以保证自然资源的永续利用。自然保护区、海上自然保护区都属于自然保护规划的范畴。对自然资源的保护有各种不同的含义：①原则上禁止对自然的任何干预；②主要是合理地利用自然，不论其目的如何；③关切人与环境之间的相互作用；④在实践进程中保持资源自身的永续生存。

(2)生态建设规划：主要是受人为活动干扰和破坏的包括水生和陆生生态系统在内的生态系统进行生态恢复和重建。生态恢复与重建是从生态系统的整体性出发，保障生态系统的健康发展、自然资源的永续利用和生物生产力的提高。生态建设是根据生态学原理进行人工设计，充分利用现代技术和生态系统的自然规律，通过自然和人工紧密结合，达到高效和谐，实现环境、经济、社会效益的统一。

4. 按保护规模划分

(1)大尺度保护规模：往往是指大流域或跨流域的大区域性的破坏和保护；面积在数百万平方千米。例如，我国“三北”防护林工程、东南沿海防护林工程、长江中上游防护林工程等即是建立在大尺度等级内的大区域性的生态环境建设工程。

(2)中尺度保护规模：往往是流域内、省内、地区间或地区内的某项保护工程；面积在几万平方千米。例如，滇池的生态环境保护、淮河流域的水质保护和恢复、科尔沁沙地的生态环境保护工程等。

(3)小尺度保护规模：往往是县域内的、小的自然保护区，甚至是一个果园、一片实验田的保护工程等；面积在几十平方千米到几百平方千米之间。如额济纳旗胡杨自然保护区建设“四位一体”庭院式生态经济型农户建设等。

(二)生态环境规划的作用

资源破坏、环境污染等一系列环境问题的出现，无一不是人们的生产与生活活动违背了生态规律造成的。在沉痛教训面前，人们逐渐意识到用生态学原理规划自己行为的重要

性。社会、经济和生态是3个不同性质的系统，都有各自的结构、功能及其发展规律，但它们各自的存在和发展，又受其他系统结构和功能的制约。因此，三个系统实际是彼此交织在一起，相互依存、相互影响、相互制约，构成了一个社会—经济—生态复合系统。一切环境问题的产生都是这一复合生态系统失调的表现，因此，对生态环境问题的防治，也必须从合理规划这一复合生态系统着手。生态环境规划有以下4方面的作用。

(1)保障生态环境建设活动纳入国民经济和社会发展计划：我国经济体制由计划经济转向社会主义市场经济之后，制定规划、实施宏观调控仍然是政府的重要职能，中长期计划在国民经济中仍起着十分重要的作用。生态环境建设是我国经济生活中的重要组成部分，它与经济、社会活动有密切联系。必须将生态建设活动纳入国民经济和社会发展计划之中，进行综合平衡，才能顺利进行。生态环境规划就是生态环境建设的行动计划，为了便于纳入国民经济和社会发展计划，对生态环境保护的目标、指标、项目和资金等方面都需要经过科学论证和精心规划。

(2)体现了生态环境保护以预防为主方针的落实：我国生态环境保护工作必须坚持一个基本方针，即"预防为主，防治结合"的方针。另外，"三同时"(同时设计、同时施工、同时投产)"生态环境影响评价"等制度也都体现了预防为主的方针。生态环境规划之所以在较高层次成为最重要的手段，就是因为生态环境规划可在一个较长的时期和较大范围内(一个地区、一个城市、一个流域及一个国家)，为了指导生态环境建设而提出具有战略性的决策(目标、指标和实施措施)。

(3)各级政府和生态环境保护部门开展生态环境保护工作，进行有效的生态环境管理的重要依据：生态环境规划制定的功能区划、质量目标、控制指标和各种措施以及工程项目，给人们提供了生态环境保护工作的方向和要求，可以指导生态环境建设和生态环境管理活动的开展，对有效实现生态环境科学管理起着决定性的作用。

(4)为国家制定国民经济和社会发展规划、国土规划、区城经济社会发展规划及城市总体规划提供科学依据：生态环境规划是保护和合理利用自然资源，防治水土流失，减少干旱、洪涝、风沙等自然灾害，改善生态环境，发展经济的总体纲要，也是进行生态环境建设及工程项目投资机会选择的基本依据。生态环境规划的正确与否关系到是否能遏制区域生态恶化趋势，是否能改善生态环境现状，是否使地区经济、生态、社会步入良性循环的轨道，因此，各级人民政府应当将生态环境规划确定的任务，纳入国民经济和社会计划。安排专项资金，组织实施。国土规划、区城经济社会发展规划及城市总体规划也要以生态环境规划为依据，在发展经济的同时，应不以牺牲生态环境为代价。

二、生态环境规划的内容及编制程序

1. 生态环境规划的内容

生态环境规划主要包括以下三部分：

(1)生态环境特征调查：

①自然环境特征调查　如地质地貌，气象条件和水文资料，土壤类型、特征及土地利用情况，生物资源种类形状特征、生态习性，环境背景值等。

②社会环境特征调查　如人口数量、密度分布，产业结构和布局，产品种类和产量，

经济密度，建筑密度，交通公共设施，产值，农田面积，作物品种和种植面积，灌溉设施，渔牧业等。

③经济社会发展规划调查　如规划区内的短期、中期、长期发展目标，包括国民生产总值，国民收入，工农业生产布局以及人口发展规划，居民住宅建设规划，工农业产品产量，原材料品种及使用量，能源结构，水资源利用等。

(2)生态环境质量评价：

①污染源评价　通过调查、监测和分析研究，找出主要污染源和主要污染物以及污染物的排放方式、途径、特点、排放规律和治理措施等。

②生态环境污染现状评价　根据污染源结果和生态环境监测数据的分析，评价生态环境污染的程度。

③生态环境自净能力的确定。

④对人体健康和生态系统的影响评价。

⑤费用效益分析　调查因污染造成的生态环境质量下降带来的直接、间接的经济损失，分析治理污染的费用和所得经济效益的关系。

(3)确定生态环境规划目标：确定恰当的生态环境目标，即明确所要解决的问题及所达到的程度，是制定生态环境规划的关键。

所谓生态环境目标是在一定的条件下，决策者对生态环境质量所想要达到的状况或标准。

生态环境目标一般分为总目标、单项目标、生态环境指标 3 个层次。总目标是指区域生态环境质量所要达到的要求或状况；单项目标是依据规划区生态环境要素和生态环境特征以及不同生态环境功能所确定的生态环境目标；生态环境指标是体现生态环境目标的指标体系。

确定生态环境目标应考虑以下几个问题：选择目标要考虑规划区生态环境特征、性质和功能；选择目标要考虑经济、社会和环境效益的统一；有利于生态环境质量的政策；考虑人们生存发展的基本要求；生态环境目标要与经济发展目标同步协调。

2. 生态环境规划程序

一般来说，生态环境规划过程或规划程序本身是不断进步与发展的。较早的规划一般采用简单的顺序，概括为调查—分析—规划方案。根据最近国外研究进展，生态环境规划内容及其程序有所变化。因为规划过程是系统规划，起源于控制论的思想。由美国数学家魏纳(N. Wiener)建立起来的控制论的中心观点是把自然界或社会的一切现象，包括生物的、物理的、文化的及社会经济的现象，当做一个复杂而相互作用的系统，系统的各部分相互作用相互影响。最简单的控制论系统包括：辨识环境、确立目标、价值度量、构成系统概念、系统分析、开发求解方案、决策。

综上所述，生态环境规划是系统规划，在规划方法和过程中应体现控制论的思想。一般生态环境规划的过程可以概括为以下 8 个步骤：

(1)编制规划大纲：研究局势，分析背景，提出问题，制定城市生态规划研究的目标。

(2)生态调查与资料收集：这一步骤是生态规划的基础。资料收集包括历史、现状资料、卫星图片、航片资料、访问当地人获得的资料、实地调查资料等。然后进行初步的统计分析、因子相关分析以及现场核实与图件的清绘工作，然后建立资料数据库。

(3)生态系统分析与评估：这是生态规划的一个主要内容，为生态规划提供决策依据。主要是分析生态系统结构、功能的状况，辨识生态位势，评估生态系统的健康度、可持续度等。提出自然—社会—经济发展的优势、劣势和制约因子。

(4)生态环境区划和生态功能区划：这是对区域空间在结构功能上的类聚和划分，是生态空间规划、产业布局规划、土地利用规划等规划的基础。

(5)规划设计与规划方案的建立：根据区域发展要求和生态规划的目标，以及研究区的生态环境、资源及社会条件在内的适宜度和承载力范围内，选择最适于区域发展方案的措施。一般分为战略规划和专项规划。

(6)规划方案的分析与决策：根据设计的规划方案，通过风险评价和损益分析等进行方案可行性分析，同时分析规划区域的执行能力和潜力。

(7)规划的调控体系：建立生态监控体系，从时间、空间、数量、结构、机理等几方面检测事、人、物的变化，并及时反馈与决策；建立规划支持保障系统，包括科技支持、资金支持和管理支持系统，从而建立规划的调控体系。

(8)方案的实施与执行：规划完成后，由相关部门分别论证实施，并应由政府和市民进行管理、执行。

具体的规划编制流程如图 8-1 所示。

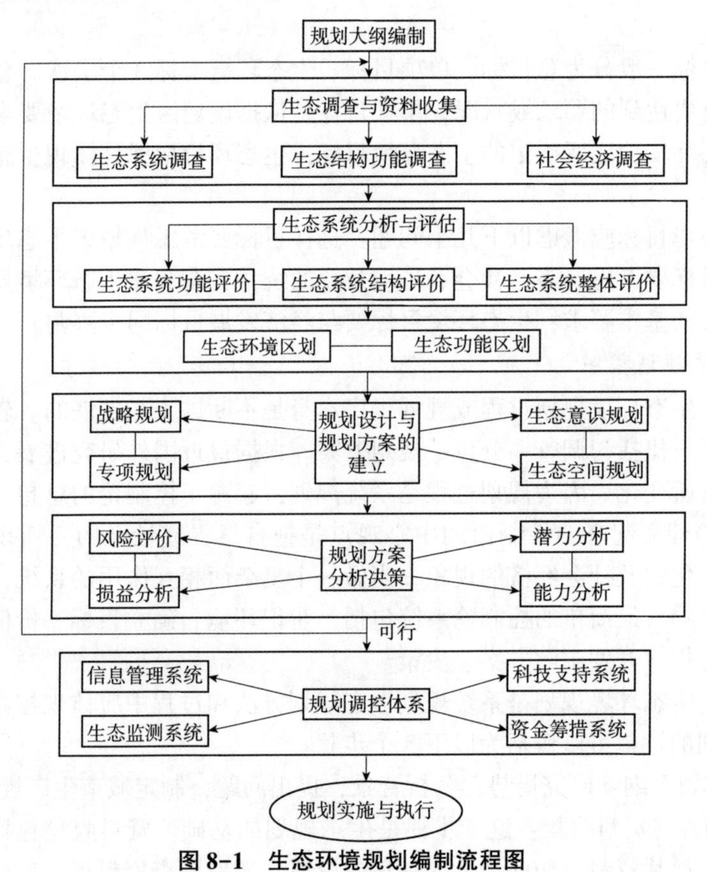

图 8-1 生态环境规划编制流程图

下篇　实践篇

第九章　有关规范及实习要求

第一节　有关规范

一、实习涉及的相关法律及部门规章要求

1. 中华人民共和国城乡规划法

2007年10月28日，十届全国人大常委会第三十次会议审议通过了《中华人民共和国城乡规划法》(下文简称《城乡规划法》)，并于2008年1月1日起施行。根据2015年4月24日第十二届全国人民代表大会常务委员会第十四次会议《关于修改〈中华人民共和国港口法〉等七部法律的决定》第一次修正。根据2019年4月23日第十三届全国人民代表大会常务委员会第十次会议《关于修改〈中华人民共和国建筑法〉等八部法律的决定》第二次修正。《城乡规划法》明确了城乡规划的编制程序、编制内容、编制主体及违法行为的法律责任等，为城乡规划提供了有力的法律保障。全法共分为7章，总计70条。

2. 中华人民共和国土地管理法

《中华人民共和国土地管理法》出台后共总经过2次修订，现在执行的是根据2004年8月28日第十届全国人民代表大会常务委员会第十一次会议《关于修改〈中华人民共和国土地管理法〉的决定》第二次修正通过的，全文共分为总则、土地的所有权和使用权、土地利用总体规划、耕地保护、建设用地、监督检查、法律责任、附则8个章节，总计86条。

3. 城市规划编制办法

中华人民共和国成立以来，我国城市规划编制办法共经历了4次修订。虽然历次城市规划编制办法的整体规划框架仍基本保持总体规划和详细规划2个层级，但自2006年4月1日起实施的新的编制办法已在规划主体多元化、系统性、科学性、由技术文件转向公共政策和淡化城市设计等方面发生了改变。《城市规划编制办法》于2005年10月28日经建设部第76次常务会议讨论通过、发布，自2006年4月1日起施行。该办法共分为5章，总计47条。

4. 城市、镇控制性详细规划编制审批办法

《城市、镇控制性详细规划编制审批办法》于2010年经住房和城乡建设部第64次常务会议审议通过并发布，自2011年1月1日起施行。该办法共分为总则，城市、镇控制性详细规划的编制，城市、镇控制性详细规划的审批，附则4个章节，共22条。

5. 城市设计管理办法

《城市设计管理办法》于2017年经住房和城乡建设部第33次常务会议审议通过、发布，自2017年6月1日起施行。该办法共分为25条。通过运用设计的手段，对城市格局、

空间环境、建筑尺度和风貌进行精细化设计，从而改变千城一面的现状，塑造特色，延续文化。

二、各类用地分类规范汇总

1. 土地利用分类

土地利用现状分类采用一级、二级两个层次的分类体系，共分 12 个一级类，73 个二级类。其中一级类包括：耕地、园地、林地、草地、商服用地、工矿仓储用地、住宅用地、公共管理与公共服务用地、特殊用地、交通运输用地、水域及水利设施用地、其他用地。用地分类和代码应符合《土地利用现状分类》(GB/T 21010—2017)。

土地利用规划分类采用二级分类，一级类 3 个，分别为农用地、建设用地、其他用地；二级类 10 个，其中农用地分为耕地、园地、林地、牧草地、其他农用地，建设用地分为城乡建设用地、交通水利用地、其他建设用地，其他用地分为水域、自然保留地，具体见表 2-1 所列。

2. 城乡用地分类与规划建设用地标准

用地分类采用大类、中类和小类 3 级分类体系。大类应采用英文字母表示，中类和小类应采用英文字母和阿拉伯数字组合表示。

(1)城乡用地分类：城乡用地应分为 2 大类、9 中类、14 小类。城乡用地分类和代码应符合《城市用地分类与规划建设用地标准》(GB 50137—2011)的规定。

(2)城市建设用地分类：城市建设用地应分为 8 大类、35 中类、42 小类。城市建设用地的大、中、小类分类和代码应符合《城市用地分类与规划建设用地标准》(GB 50137—2011)的规定。

编制大城市、特大城市、超大城市总体规划，可采用主要功能区块布局方式，将城市建设用地类型简化为居住生活区、商业办公区、工业物流区、城市绿地区、战略预留区等城市功能区类型，每个功能区可包括必要的大、中、小用地类别。城市功能区分类和代码宜符合表 9-1 的规定。

表 9-1　城市功能区分类表

类别代码	类别名称	内　容
Dr	居住生活区	以住宅和居住服务设施为主导功能的分区
Db	商业办公区	以商业、商务、娱乐康体为主导功能的分区
Dm	工业物流区	以工业、物流仓储为主导功能的分区
De	城市绿地区	以绿地、公园为主导功能的分区
Dx	战略预留区	应对发展不确定性的战略预留功能分区

3. 村庄用地分类标准

目前最新的村庄用地分类标准来自中华人民共和国住房和城乡建设部 2014 年 7 月 11 日颁布的《村庄规划用地分类指南》，村庄规划用地共分为 3 大类、10 中类、15 小类。

第二节　实习要求

一、实习纪律要求

1. 实习动员

实习负责教师应认真制订实习实施方案，拟定实习计划，事先与实习企业相关人员取得联系，落实具体事项。并对实习指导教师进行明确分工，制定各指导教师负责的学生名单。

2. 实习管理制度

①在进行调研过程中，建议以小组为单位，便于学生培养团队意识以及组织协作能力。

②实习学生应服从实习单位负责人及指导教师的指导，虚心学习，积极工作。

③实习期间，学生和指导教师严格按照实习计划的进度执行，不得随意变更实习计划，严格遵守国家法令，遵守学校实习纪律及实习单位的各项规章制度。

④实习结束时按规定时间上交实习成果，供指导教师确定实习成绩，不得拖延。

⑤实习报告建议仍每人一份；调研小组分工协作；绘图和思考问题，建议人人参与，人人思考，人人有素材化成果呈现。

3. 实习安全注意事项

在校内，不得在教学区内随意走动、喧哗，要爱护校园的一草一木，保持校园良好的卫生环境。在校外，注意个人人身和财产安全，遵守社会公德，爱护环境卫生，注意自身和学校形象。

二、调查及分析问题要求

对城市(镇)、村庄等区域的认知调查是规划设计实践教学中的一个重要环节。学生在学习规划设计及相关专业课之前，通过实地考察与资料查阅相结合，学会认识与把握实习区域基本特点的方法，训练和提高分析问题的能力，为下阶段课程的学习增强感性认识。

(1)要求学生学会运用综合、全面、系统的观点和从宏观到微观的思维方式看待和分析城市现状和问题。这有助于培养学生综合应用城乡规划、地理学、生态学和建筑学等相关的原理、知识和理论来认识和分析区域发展问题的能力，使学生掌握城市(镇)和类似的城乡结合部功能片区、村镇(庄)规划设计的调研方法，如观察法、访谈法、问卷统计、案例分析等。增强学生将工程技术理论知识与城市经济发展、社会进步、法律法规、社会管理、公众参与等多方面结合的意识及综合运用能力，同时提高学生文字表达水平及调查报告写作能力。

(2)要求能够从整体或局部对具体城市(镇)、村庄进行分析、评价。这有助于提高学生的空间环境综合分析与评价的能力；培养学生联系实际、关注社会问题的学术态度；以及发现问题、分析问题，进而结合社会发展要求提出解决问题的能力。

三、实习报告的表现形式

实习报告表现形式可以是文字，也可以是图表、图纸，或者文字和图表、图纸相结合的形式。

四、图纸绘制要求

图纸绘制应该参照国标设置，并且养成良好的制图习惯进行文件命名。用地现状图和规划图的软件多为 AutoCAD，并在 Photoshop 软件支持下导出出图。

①现状电子文档格式的选用应符合表 9-2 的规定。图形文件应尽量减小文档尺寸(地形可使用"外部参照块"在图形文件中被引用)。电子文档文件名称的选用应统一为"××土地利用现状图 . DWG"。

表 9-2　电子文档格式

序　号	内　容	文件格式	扩展名	备　注
1	地形	AutoCAD	* . DWG	
		图像	* . TIF；* . JPG	
2	图纸	AutoCAD	* . DWG	
		图像	* . TIF；* . JPG	

②AutoCAD 图形文件中的图层名称、线型和颜色的选用应符合各类规划制图的相关规定。AutoCAD 图形文件中的图层归类应准确、恰当。

③用地图例应为彩色图例。用地图例中的用地性质类别对应于《城乡用地分类与规划建设用地标准》《镇建设用地分类》《村庄规划用地分类指南》表中的各个类别。彩色用地图例应选用 AutoCAD 实心填充("HATCH"命令中选"SOLID"图案，图层名为"YD-"+用地性质代号，图层颜色对应于相应规范中的颜色号)。彩色用地图例在相应的实心填充上还须加绘圆圈，并在圆圈内加注用地类别代号(圆圈及代号的图层名为"YD-CODE")。

④表示用地中类设施时应使用相应图示符号标示(符号图层为"KZ-指标符号")。图示符号的选用与绘制应符合表 9-3 的规定。图示符号的大小为纸上 10mm(圆直径)，在 AutoCAD 中的实际大小为 0.01m 图纸比例，例如：1 : 2000 图中实际大小为 20m，1 : 5000 图中实际大小为 50m。图示符号在 AutoCAD 中应采用图块形式，图块名称对应为表 9-3 中的符号名称。

表 9-3　图示符号

序　号	符　号	符号名称	备　注
1	中	中学	
2	小	小学	
3	幼	托儿所	

（续）

序　号	符　号	符号名称	备　注
4	文	文化站	
5		危险品仓库	
6		长途客运站	
7		渡口	
8	S	广场	
9	P	社会停车场	
10		给水泵站	
11		排水泵站	
12		货运站场	
13		加油站	
14		公厕	
15		垃圾站	
16		门诊部	
17		邮政所	
18		电信模块局	
19		派出所	
20		运动场	
21	老	敬老院	
22		村民委员会	
23		文物古迹	
24	市	市场	

⑤图中的文字注记应使用宋体、仿宋体、楷体、黑体或隶书体等。文字高度的选用应符合表 9-4 的规定。图线的宽度应符合表 9-5 的规定。

表 9-4 文字高度(纸上尺寸)

序 号	内 容	文字高度(mm)	字 体	备 注
1	坐标、半径、宽度等标注，规划参数、表格、图签、说明、注记等	3.5	宋体	
2	单位名、地名、路名、桥名、水系名、名胜地名、主要设施名称等	3.5~5.0	宋体	
3	用地性质代码、图例等	7.0	黑体	
4	图题、比例、图标、需重点突出的名称、规划期限、编制日期等	10~45	黑体	

表 9-5 图线的宽度(纸上尺寸)

序 号	内 容	线宽(mm)	备 注
1	地形、辅助线	0.15	
2	道路中线、道路边线以及其他普通线条	0.35	
3	给水管线、排水管线、电力线、电讯线、行政界线	0.8	
4	用地红线、规划界线	1.2	

⑥AutoCAD 电子文档中 1 个单位应为 1m，坐标系应采用缺省的世界(WORLD)坐标系，指北针为正南北(上北下南)方向，不得使用其他用户坐标系统。坐标数据应与长沙统一坐标系数据对应，标高应与长沙统一高程系统数据对应。

⑦图中标注的坐标、标高、坡长、距离应以米计，坡度以百分计，坐标标注精确到小数点后 3 位数，标高、坡度、坡长、半径等精确到小数点后 2 位数，不足时以“0”补齐。

⑧各类图纸必须具备图纸的一般要素，如图名、指北针、风玫瑰图、比例尺、图例、图签、图框、编制日期等。

第十章　区域综合实习任务要求

第一节　区域分析实习指南

一、实习区概况

对于一个城市(镇)而言，可以是一个点(市区、镇区)，也可以是一个面(区域、市域、镇域)，区域规划实习，对于城市定位、城市性质确定、城市体系规划等内容都可以提供必要的资料储备。考虑到实习区域与后面的实习内容最好能保持一致，方便学生对实习内容的综合理解，本书在本章所有实习区域尽可能保持一致。在此选择的是浙江省绍兴市上虞区。

上虞区是绍兴市市辖区，地处浙江省东北部，东邻余姚市，南接嵊州，西连柯桥区，北濒钱塘江河口，隔水与海盐县相望，钱塘江河口水域212.3km^2。经纬度跨东经120°36′23″~121°6′9″、北纬29°43′38″~30°16′17″。上虞区是绍兴中心城市东部具有滨江特色、功能相对完善的综合性新城区。

上虞区是省级区域交通枢纽中心，绍兴商贸中心以及浙东新商都。境内高速公路、高铁、铁路、港口、运河等一应俱全。嘉绍跨江大桥，使得绍兴市纳入上海两小时交通圈。北部钱塘江畔有26.7万亩的滩涂，这是一片未经开发的土地，储备量大，开发成本低。

2018年，上虞区下辖6个街道，11个乡镇，3个乡，353个行政村，87个城镇社区。全区353个行政村，87个城镇社区居委会。全区总面积1403km^2。

二、实习目的

使学生巩固“区域分析与规划”课程的基本理论与相关知识，充分认识区域社会经济活动的空间布局结构和特点，科学分析区域社会经济现象、环境基础设施状况，通过分析，准确判断区域未来的发展趋势。

熟悉区域分析与规划的相关技术规范和流程。

三、实习任务与要求

1. 调研内容

列好提纲，详细调研、收集上虞区的自然资源、自然条件，人口、经济发展概况，历史人文概况，社会组织发展情况，国家、省、地区、市等有关政策，相关上位规划情况。

2. 分析内容

①自然、资源条件分析与评价；②人口发展评价；③经济发展评价；④区域发展优势分析；⑤区域发展劣势及限制分析。

第二节　城镇体系规划实习指南

一、实习区域

城镇体系规划需要大量调研，需要对整个市域(县域)进行详细的社会调查，工作量较大，作为本科生较少涉及。城镇体系规划选择某个县级市为实习靶区，本节仍然选择绍兴市上虞区，对其 6 个街道，11 个乡镇，3 个乡的城镇体系内容进行调研、评价和规划。

二、实习目的

重在了解社会调查具体方法和城乡统筹的具体含义。学会城镇体系规划编制的流程和方法。学会相关统计分析方法的运用。

三、实习任务与要求

1. 实习任务

(1)城镇发展条件评价。根据城镇布局情况，对各城镇发展的条件进行评价，包括其资源概况、人口增长趋势、产业结构、优劣势分析等内容，并对未来各城镇的城镇主导产业、人口总规模等进行合理预测。

(2)城镇体系等级规模现状及规划。根据各级城镇的城镇人口现状，进行首位度分析和位序规模分析，判定区域目前城镇体系的等级规模特征。划分等级规模结构现状，并根据预测，进行规划期末的城镇体系等级规模结构规划。

(3)城镇体系职能结构现状及规划。根据各个城镇的主导产业，在全区域主导产业所占比重等情况，划分城镇体系职能结构现状。结合区域战略规划特点，在避免产业趋同、高级城镇引导次级城镇发展的原则下，对规划期末的城镇体系职能结构进行规划。

(4)城镇体系空间结构现状及规划。根据前面分析得到的等级规模结构特征，依据现有的交通廊道，确定中心城市、次级中心城镇区域，以及空间作用廊道。另外，根据等级规模和职能结构规划结果，结合区域交通规划图，确定规划期末的中心城市、次级中心城镇区域，以及未来城镇体系的空间作用廊道。用粗细程度表示作用力强弱。

2. 实习要求

(1)注重调查研究，上下结合。向上级和当地领导部门调查，了解领导的意图和精神；向下面实际工作部门和基层单位调查，获取第一手调查资料；再经规划人员分析研究，去伪存真，提炼观点，凝练思路。

(2)宏观、中观与微观分析相结合。大的方向性问题要注重宏观分析，与中央、省市区的有关精神、政策保持一致；中观分析是城镇体系规划的主要工作领域，这一点与城市总体规划、详细规划显著不同；虽然在工作中，城镇体系规划不以微观分析为主，但常常要从微观中抓典型。

(3)定性分析与定量分析相结合。正确的结合顺序应是定性分析在前，定量分析在后，正确的定量分析还应转化为定性化表述，以便为人们所理解。总的来说，目前定量分析仍较为薄弱，应提倡和鼓励计量化和其他有用的新方法。

(4)文字表达与图纸表达相结合。文字部分可由文本和附件两部分组成。在研究的深度和广度已经满足规划的前提下，文本的组成形式、章节安排可灵活多样，无须千篇一律，特别是城镇体系的职能结构、等级规模结构、空间组织结构3部分是根据中国目前的研究现状，考虑规划工作条理的清晰划分的。在内容上要联系紧密，文字表达上要有重点加以融合组织。

图纸是城镇体系规划研究中不可或缺的重要成果。它既是城乡规划工作人员擅长的一种空间思维方法，也是规划研究成果表达的一种直观手段，可以和文本相得益彰，相辅相成。不必追求图纸的数量，但是表示城镇体系各要素的现状和规划的基本图纸不可缺少，必要时再配以分析图和分析表格。

第三节　土地利用规划实习指南

在实际生产中，土地利用现状调查是以县为单位，查清村和农、林、牧、渔场，居民点及其以外的独立工矿企事业单位土地权属界线和村以上各级行政界线，查清各类用地面积、分布和利用状况。

考虑到实习实际情况，本科生实习选择某一个土地利用变更较剧烈的乡镇，通过实地调研、内业绘制图纸、统计分析等，完成实习内容。

一、实习区概况

实习区良渚镇是被誉为“中华文明之光”——“良渚文化”的发祥地。良渚文化是环太湖流域分布的以黑陶和磨光玉器为代表的新石器时代晚期文化，因1936年首先发现于良渚而得名，距今5300~4000年。良渚遗址是实证中国5000年文明史规模最大、水平最高的大遗址，具有唯一性和独特性。良渚遗址所反映出来的以原创、首创、独创和外拓为特征的“良渚精神”，是中国文明传统中最有价值的部分之一。

良渚位于杭州主城北部，余杭区中部，距市中心约10km，与杭州主城区无缝接轨，地理位置得天独厚，交通优势明显，是杭州北部的交通枢纽。街道区域面积101. 69km²，下辖23个建制村，12个社区，户籍人口9. 45万，实有人口22. 28万。近年来，良渚镇的经济社会发展成效显著：财政收入不断增长，综合实力稳步提高；发展格局不断优化，经济发展提质增效；城市化步伐不断加快，产城融合有效推进；社会管理不断创新，社会民生逐步改善；人居环境不断优化，生态保护成效初显。先后荣获“浙江省中心镇”“浙江省森林城镇”“浙江省生态镇”“浙江省文明镇”“浙江省农村基层组织先锋工程建设五好乡镇党委”“浙江省平安镇”“浙江省教育强镇”“浙江省体育强镇”“浙江省东海文化明珠”“浙江省旅游强镇”“杭州市先进基层党组织”“杭州市农村经济发展十佳乡镇”等荣誉称号。

二、实习目的

通过实习，使学生对土地利用规划的基本原理有全面深刻的理解，能更好地掌握其方法，并在实践中能够完成土地利用规划，以达到学以致用的目的。通过实践活动，提高学生分析问题和解决问题的能力，使理论与实践相结合，让学生学到更多的具体知识，以提高学生的综合素质。

通过此次实习，应用土地利用规划的基本原理及方法，对规划的具体内容进行操作。结合所学其他课程知识，尤其 RS(Erdas、ENVI 等)、GIS 软件(ARCGIS、MapInfo 等)的应用，针对当前的土地利用现状特征以及自然条件、社会经济发展状态，进行某一个区域的土地利用规划编制，要求学生能够设计乡镇级土地利用规划方案，从而锻炼学生的动手能力，提高今后进行土地利用规划的能力。

三、实习任务与要求

1. 实习内容安排

实习过程分为野外实地考察、室内制图分析等过程。

(1)实习前准备工作：在学校进行实习前的准备工作，讲述实习的主要内容和基本要求，发放实习报告书。

(2)实地考察内容：实地考察良渚镇，包括区域自然条件(气候、地形地貌、水资源、植被及土壤)、社会经济发展状况、土地利用现状特征、变化特征。对实习区总体的地理位置以及内部的空间组织结构有一个感官上的认识。

(3)室内制图分析：依据土地利用分类体系，在准确确定遥感解译标志基础上，依托 ArcGIS 软件平台用计算机绘制土地利用现状图、规划图、编制的土地利用动态平衡表，结合野外考察结果和数据进行修正。根据实地调研和实验成果撰写实习报告。

2. 实习调查的程序

①准备工作　主要程序包括组织准备、仪器设备准备、资料准备等。

②遥感影像的室内预判　最重要的内容就是目视解译标志或者计算机自动分类标志建立。一般而言，乡镇级土地利用现状调查通常采用高空间分辨率遥感影像，要求空间分辨率在 4m 及以下(叶菁，2007)，如 QuickBird 影像、无人航拍影像、SPOT5 影像、WorldView-2 遥感影像等。

建立目视解译标志前，需要对遥感影像进行图像处理，尽可能使彩色合成接近真实地物色彩。然后根据“形”“色”“位”等方面建立综合的土地利用现状的目视解译标志。判读标志分为直接判读标志和间接判读标志。

(1)直接判读标志：这是指能够直接反映和表现目标地物信息的遥感影像的各种特征，包括遥感摄影像片上目标地物大小、形状、阴影、色调、纹理、图型和位置及与周围的关系等，解译者利用直接解译标志可以直观地识别遥感像片上的目标地物。

①大小　指在二维空间上对目标物体尺寸或面积的测量。

②形状　指某一个地物的形态、结构和轮廓。

③色调　指像片上物体的色彩或相对亮度。

④阴影　指阳光被地物遮挡而产生的影子。

⑤纹理　指通过色调或颜色变化表现出的细纹或细小的图案。

⑥图型　指目标地物以一定规律排列而成的图形结构，是物体的空间排列。

⑦位置及与周围的关系　指目标地物在空间分布的地点及相对其他地物的关系，据此可以识别一些目标地物或现象。

(2)间接解译标志：这是指能够间接反映和表现目标地物信息的遥感影像的各种特征，借助它可以推断与目标地物的属性相关的其他现象。如河流的流向，就常用一些判读的间接标志。如水系间接解译标志。一般水系包括扇状水系、格状水系、辫状水系、环状水系等。其解译标志如下。

①扇状水系　多发育在河口三角洲和洪积扇上。水流沿着扇面地形突然撒开，形成细而浅的放射状冲沟，总体呈扇状。

②辫状水系　多发育在宽阔的平原区，尤其是河流从山区突然进入平原区的河段最为常见。水流形成的多条水道互相穿插、交织在一起，形似于辫。

③格状水系标志类　是一种严格受两组断裂、节理构造控制的水系，呈方格状或菱形格状。方格状水系的1~3级水道均很平直，并以直角相交。它们一般是沿断层或节理发育的。格状水系主要出现在裂隙发育、坚硬而稳定的岩层中，如块状砂岩、花岗岩、大理岩、灰岩地区等。格状水系有丰字形水系和角状水系两种变种。其中的角状水系是一种严格控制河流流向急剧改变，并呈现规律性变化，受断裂控制的一种水系类型。

④放射状及向心状水系　水道呈放射状由中心向四周延伸的水系称为放射状水系。多发育在火山锥和穹隆构造上升区，沟谷一般切割较深，多呈"V"形谷，两侧常发育有短小的支流或冲沟；水流从四周向中心汇集的水系称为向心状水系，多发育在湖盆、洼地、坡立谷和局部沉降区。

⑤环状水系　常与放射状水系同时出现，共同组成"车轮状"水系。沿花岗岩岩体上的环状节理、穹隆构造上的岩层层理、片理均能形成环状水系。

3. 解译判读各土地利用类型的影像特征

根据航片、高分卫片判读标志的建立方法，建立判读目标地物的判读标志，解译各土地利用类型，并完成表10-1。

表10-1　实习区判读标志

	形状	色调	纹理	图形	阴影	其他
地物1						
地物2						
地物3						
地物4						
……						

4. 实地判读

根据判读标志，通过观察和判读，实地观测各目标地物的分布和相互关系。同时用皮尺丈量有关地形地物。

四、有关软件操作关键步骤及相关表格

下面以 Erdas 软件或者 ArcGIS10.1 软件为平台，讲解进行土地利用现状图的绘制的软件操作步骤。

(一)软件操作关键步骤

1. 影像校正

(1)打开 Arcmap，“AddData”，加入遥感影像“＊.jpg”：注意所有文件保存的路径及文件名尽量用英文或者数字来表示，否则容易报错。

(2)仅对坐标投影进行自定义：Erdas 界面下，定义坐标信息：在上面工具条上，点击右键，然后选择 Georeference。定义好坐标后，再 Georeferencing→Reject。

ArcGIS 下：定义投影信息：Arctool Box 中，Data Management Tools→Projection and Transformation→Define Projection。注意：给定的四个角的坐标是经纬坐标，所以单位是“度”。选择：UTM，50N 带。

坐标转换：需要把球面坐标转换为平面坐标。转换后，坐标单位为 m。Arctool Box 中，Data Management Tools→Projection and Transformation→Project Raster。注意：用高斯投影中，请选择正确的中央经线及 6 度分带的带号。

(3)地图匹配：打开 ArcMap，增加 Georeferncing 工具条。

把需要进行纠正的影像和参考数据(矢量或者栅格)增加到 ArcMap 中，会发现 Georeferncing 工具条中的工具被激活。

在配准中我们需要知道一些特殊点的坐标，即控制点。可以是经纬线网格的交点、公里网格的交点或者一些典型地物的坐标，可以从图中均匀地取几个点。如果知道这些点在矢量坐标系内坐标，则用以下方法输入点的坐标值；如果不知道它们的坐标，则可以采用间接方法获取。即用添加的已知坐标进行坐标控制点获取。用“zoomtolayer”进行视窗的切换控制点选择要均匀分布。首先将 Georeferncing 工具条的 Georeferncing 菜单下 Auto Adjust 不选择。在 Georeferncing 工具条上，点击 Add Control Point 按钮。使用该工具在扫描图上精确到找一个控制点点击，然后鼠标右击输入该点实际的坐标位置。再用相同的方法，在影像上增加多个控制点，输入它们的实际坐标(图 10-1)。

增加所有控制点后，在 Georeferencing 菜单下，点击 Update Display。更新后，就变成真实的坐标。

在 Georeferencing 菜单下，点击 Rectify，将校准后的影像另存。

2. 目视解译(土地利用现状图绘制)

(1)新建一个矢量图层：打开 ArcCatalog 模块，新建一个多边形的矢量图层。注意：图层的保存路径，以及名字要是英文；矢量图层要与栅格图层保持相同的坐标及投影信

息。也可以在已有的“district”图层基础上，通过“export”来生成新的图层。

创建图层的属性特征。打开创建的矢量图形，选择“Open Attribute Data”→“Option”→“Add Field”。

(2)目视解译：首先点击 Editor→Start Adding；然后进行数字化。注意在数字化的过程中，一定要对图形进行属性的定义。属性定义具体参考国家标准《土地利用现状分类》(GB/T 21010—2017)。

3. 图形拼接

如果存在分工合作进行分幅数字化的情况下，需要进行两个图层的拼接，可用“Merge”命令进行图形拼接。

4. 面积统计及表格生成

在面积统计之前，根据表 10-1、表 10-2，进行类型的转换与合并。

(1)面积统计：在属性表中用鼠标右键点击所要统计面积的字段名(如 Area)，选择 Field Calculator，在 Advanced 前打勾，点击 help，复制以下内容：Dim Outputasdouble、Dimp Areaas Iarea、Setp Area=[shape]、Output=pArea. area 到“Pre-logic VBA Script Code”下面的对话框，在“Area=”下面的对话框内填写 Output，点击 OK，则系统自动计算每一个图斑的面积，并赋值给 Area 字段。

(2)表格生成：在属性表中点击 Options，选择 export，确定输出表格的存储位置即可实现表格的生成功能。也可以直接在 excel 中打开 *. dbf 文件(另存为一个操作文件，以防止改变其属性而破坏原来数字化的矢量图)，在 office 软件上进行统计分析。

5. 有关规划图设计的关键步骤

(1)对有关的参考规划图(城镇规划图、交通规划图、水利规划图、土地整理规划图等)的重要区域进行数字化。

①用“export”命令，依托 District 图层，新生成一个“Plan_ reference”图层。

②用 Arctoolbox 中的“Clip”命令，对其中部分区域进行数字化。

③在规划图上进行关键区域的数字化，并且根据合理的赋予相应的土地利用类型。

(2)用“Union”命令实现参考图对现状图的规划内容的参考指导作用。

(3)轻轨交通占地需求分析(缓冲区分析)：

①新建一个线性 shp 文件，然后对轨道进行数字化；②在 ArcMap 中，执行命令：Tools→customize 在出现的对话框中的“commands”选项页(图 10-2)；③拖放“缓冲区向导”图标到菜单“工具”中，或者拖放到一个已存在的工具栏上。关闭“定制”对话框；④设置缓冲区宽度，即轻轨红线宽度(图 10-3、图 10-4)；⑤生成缓冲区即为轻轨的用地区域，此为生成矢量的缓冲区(图 10-5)。也可以用 arctoolbox 中的“Euclidean Distance”来生成栅格缓冲区；⑥用 overlap 叠置分析进行综合规划：在 ArcGIS 中数据的叠置分析主要分为 6 种，即擦除分析、一致性分析、交集分析、对称差分析、联合分析和数据更新分析(图 10-6)。

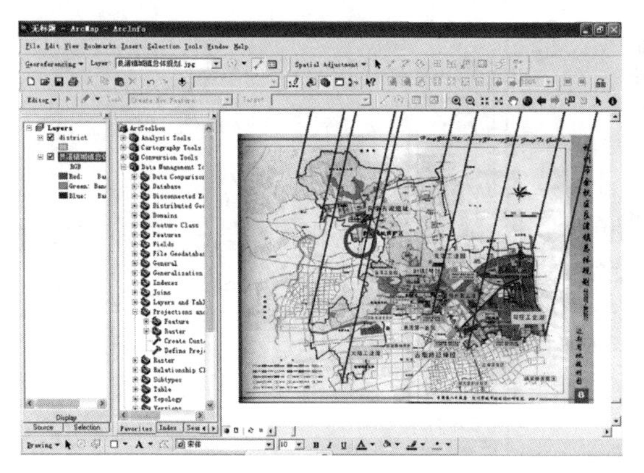

图 10-1 控制点操作示意图

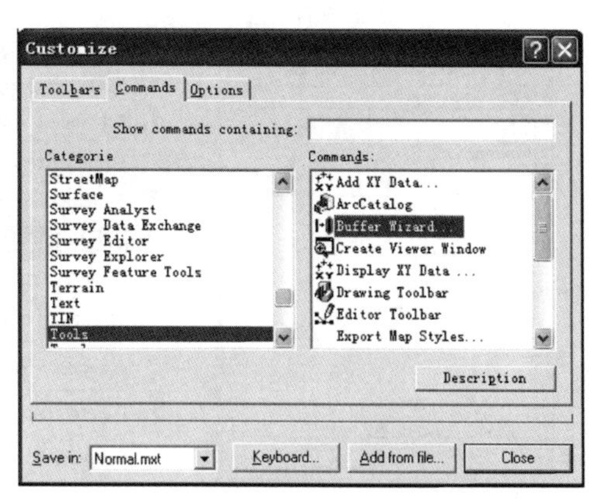

图 10-2 缓冲区分析软件操作示意图(1)

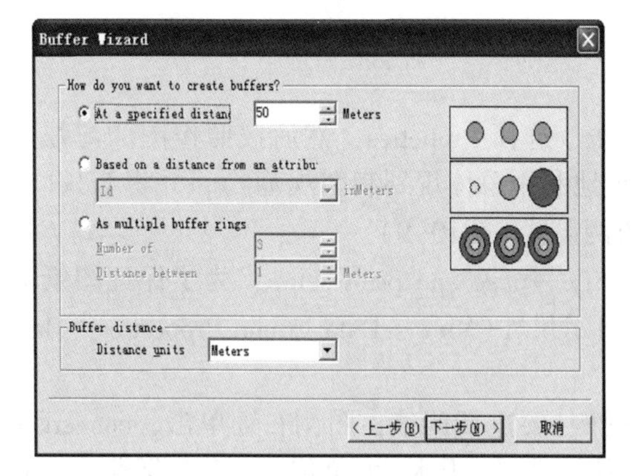

图 10-3 缓冲区分析软件操作示意图(2)

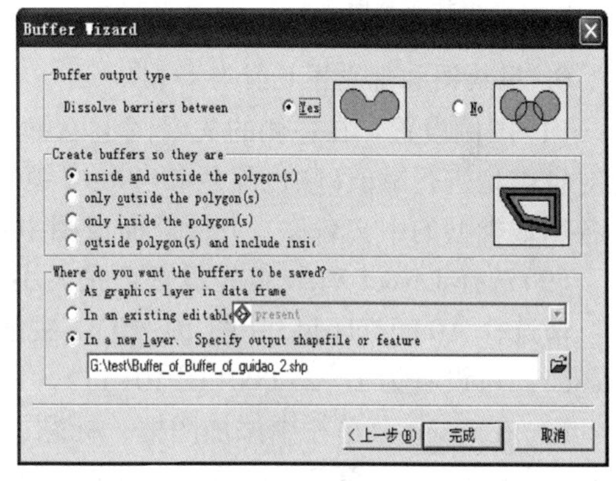

图 10-4 缓冲区分析软件操作示意图(3)

图 10-5 实习区轻轨数字化示意图

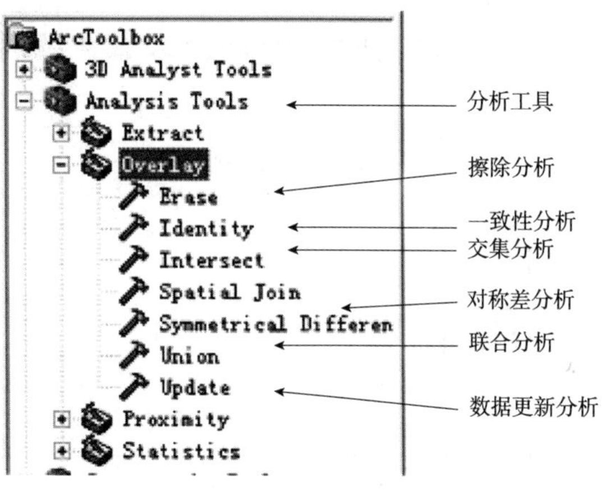

图 10-6 overlap 叠置分析定义解释

(4)规划图的生成：

①打开属性表，新建一个新的字段“addfield”；②进行条件选择。如将所有不为“10”的多边形，按照“Plan_ reference”中的规划字段属性赋值。那么首选选择其等于 10 的多边形(图 10-7)；③通过属性进行赋值(图 10-8)。

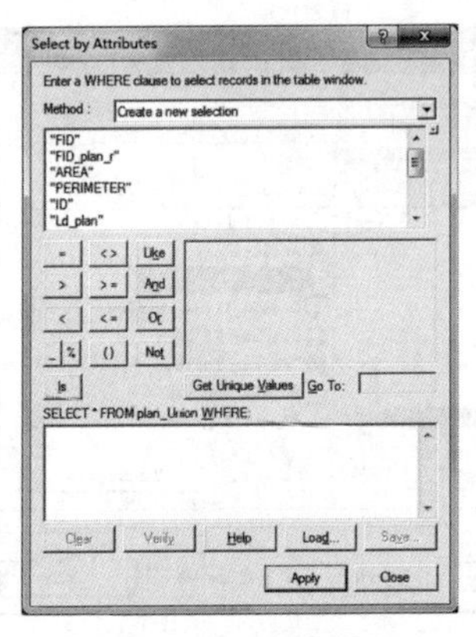

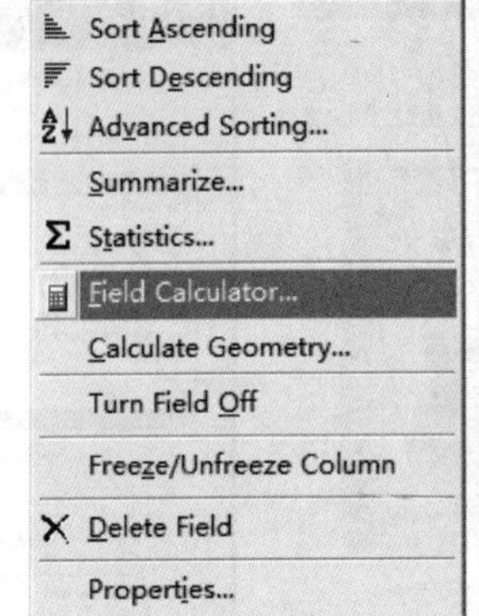

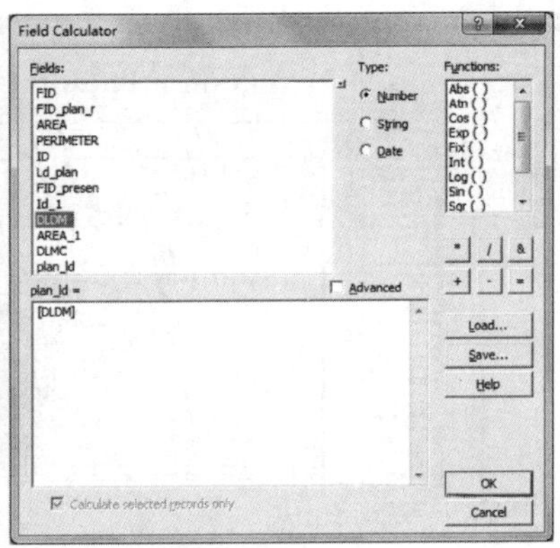

图 10-7 属性字段选择操作示意图

图 10-8 字段属性赋值示意图

6. 现状图和规划图设计与导出

(1)图例设置：在左侧的矢量图上右键点击，选择 Propeties，然后按照作图的习惯颜色对各类型进行赋值(颜色配色参考《乡(镇)土地利用总体规划制图规范》)，并将 Label 改为各用地类型的中文名称，方便后面成图中图例设置(图 10-9)。

(2)选择 Layout View 首先设置纸张大小：File→page and print setup，为了保证图纸清晰，请选择 A0 的打印尺寸(图 10-10)。视图显示尺寸(View→Data Frame Properties→Data Frame)：可设置为 1∶25 000(图 10-11)。

(3)在 Insert 菜单栏中添加图框、标题、图例(要重新调整，图例右键单击，convert to graphics→Ungroup，重新调整)、指北针、比例尺(选择“千米”为单位)等关键要素，并通过双击等形式，改变其格式。

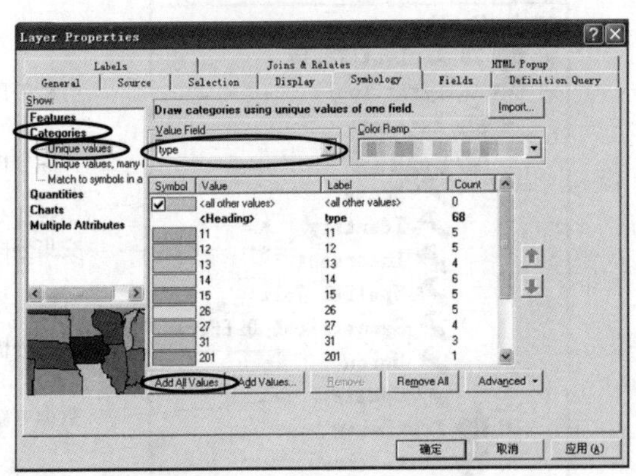

图 10-9 图例设置示意图

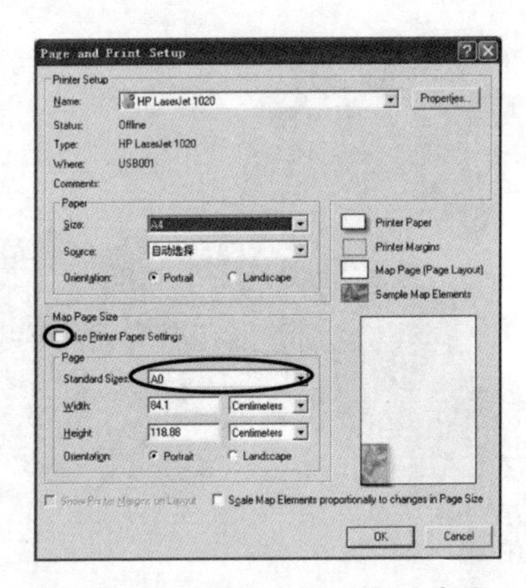

图 10-10 图纸大小设置示意图

(4)添加坐标网格。在“Data View”视窗内，鼠标右键点击“Layer”(图 10-12、图 10-13)。

本次实验的图纸中，网格间隔设置为 2000m 为最佳。

(5)若是平面坐标，还需要表明坐标系；还可添加文本，标注学号、姓名等。

(6)导出图片，File→ExportMap，图片导出格式选择 jpg、bmp、tiff 格式。

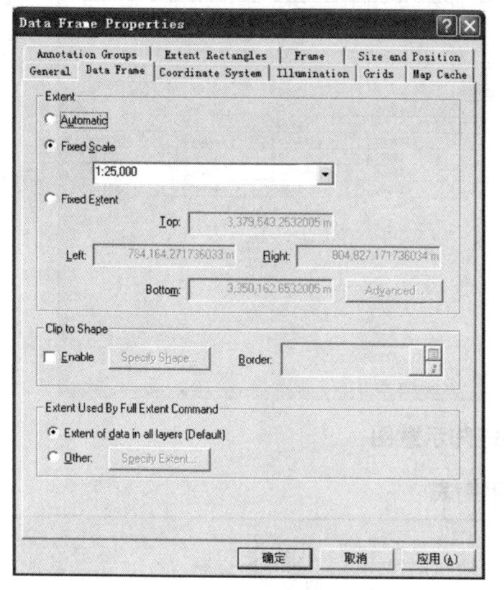

图 10-11　比例尺设置示意图

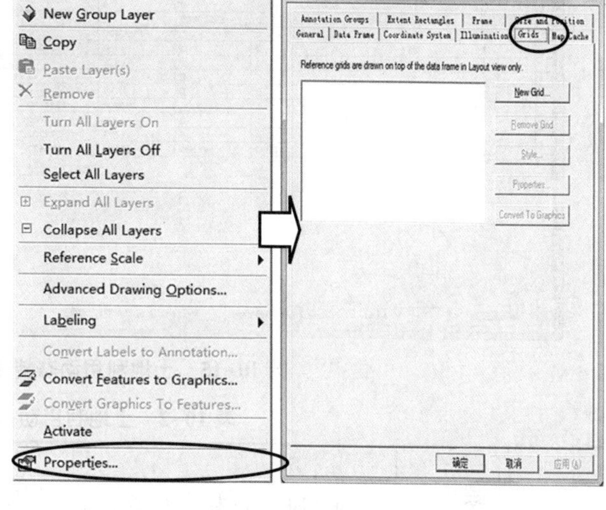

图 10-12　坐标网格添加步骤 1 示意图

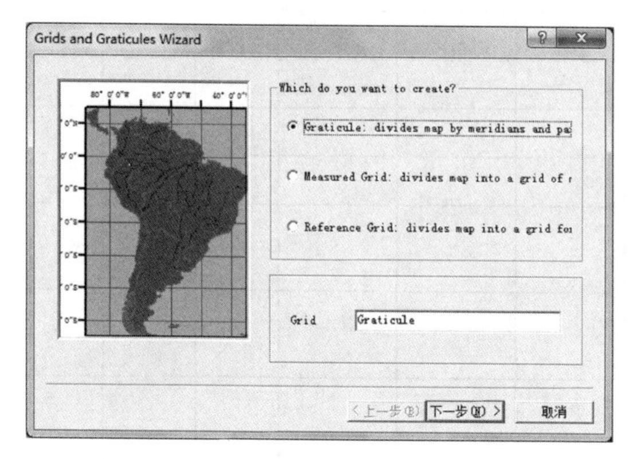

图 10-13　坐标网格添加步骤 2 示意图

标注：graticlue：用经纬网进行网格设计；

Measured：用平面坐标进行网格设计；

Reference：用新的参考坐标进行网格设计

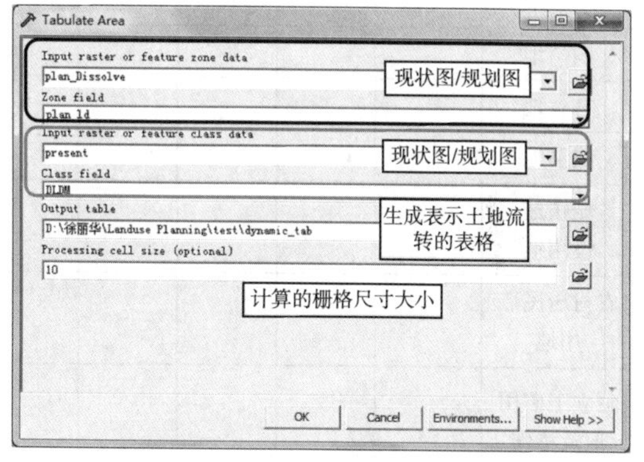

图 10-14　土地利用动态转移矩阵操作示意图

7. 动态平衡表的一些关键步骤

动态平衡表需要知道我们土地流转过程中的具体表现。具体有以下几种方法。

①利用 excel 软件，对最终的规划表的属性进行分类分析(如筛选等操作)；

②将现状图和规划图都转化为栅格，利用乘法和加法实现土地流转的属性调查；

③借助 Arc GIS 软件 Spatial Analysis Tools→Zonal→Tabulate Area(制成面积表格)(图 10-14)，得到结果(图 10-15)。表 10-2 即为其土地流转的动态平衡表。

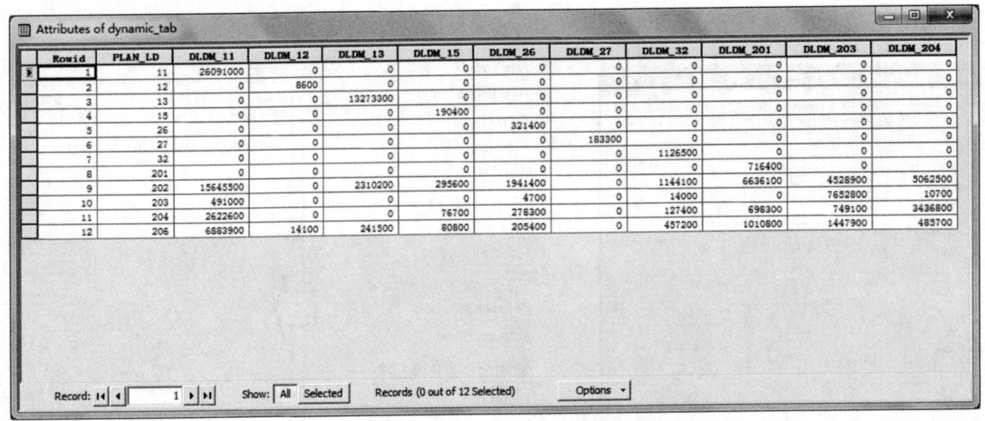
Attributes of dynamic_tab

Rowid	PLAN_LD	DLDM_11	DLDM_12	DLDM_13	DLDM_15	DLDM_26	DLDM_27	DLDM_32	DLDM_201	DLDM_203	DLDM_204
1	11	26091000	0	0	0	0	0	0	0	0	0
2	12	0	8600	0	0	0	0	0	0	0	0
3	13	0	0	13273300	0	0	0	0	0	0	0
4	15	0	0	0	190400	0	0	0	0	0	0
5	26	0	0	0	0	321400	0	0	0	0	0
6	27	0	0	0	0	0	183300	0	0	0	0
7	32	0	0	0	0	0	0	1126500	0	0	0
8	201	0	0	0	0	0	0	0	716400	0	0
9	202	15645500	0	2310200	295600	1941400	0	1144100	6636100	4528900	5062500
10	203	491000	0	0	0	4700	0	14000	0	7652800	10700
11	204	2622600	0	0	76700	278300	0	127400	698300	749100	3436800
12	206	6883900	14100	241500	80800	205400	0	457200	1010800	1447900	485700

Record: 1 Show: All Selected Records (0 out of 12 Selected) Options

图 10-15 土地利用动态转移矩阵示意图

表 10-2 土地利用动态平衡表

	2015 年面积	耕 地	园 地	林 地	牧草地	城镇建设用地	农村居民点用地	独立工矿用地及特殊用地	交通用地	水 域	其他用地
土地总面积											
耕 地											
园 地											
林 地											
牧草地											
城镇建设用地											
农村居民点用地											
独立工矿用地及特殊用地											
交通用地											
水 域											
其他用地											
2030 年规划总面积											
(+)(-)											

(二)实习有关指标设定

良渚镇有关指标的设定参考文档“良渚镇土地利用规划要点 . docx”。

(三)有关表格设定

要求绘制实习区域的土地利用现状调查表、土地利用变更计划表、土地动态平衡表、土地利用结构表。表格设计参考教材，类型根据自己的分类结果，有则写。

五、土地利用现状调查报告的撰写内容要求

1. 土地利用现状分析内容

土地利用现状分析主要包括：

①影响土地利用的自然与社会经济条件分析；

②土地资源数量、质量及动态变化分析；

③土地利用结构与布局分析；

④土地利用程度与效益分析；

⑤土地利用现状分析结果；

⑥土地利用规划目标的确定等。

2. 图纸设计要求

图纸必须要有图框、坐标、风玫瑰图(或者指北针)、比例尺。

3. 实习报告打印要求

实习报告打印采用 A4 纸，图纸打印采用 A3 纸。

六、土地利用规划编制内容要求

1. 规划期限

乡镇级土地规划的期限应与国民经济和社会长期发展规划期限相一致，一般为 15~20 年。同时应当展望远期的土地利用，展望期为 20~30 年。在规划期限内，应当作出近期土地利用规划安排，期限一般为 5 年。

2. 编制原则

《中华人民共和国土地管理法》对土地利用总体规划编制原则有以下规定：①严格保护基本农田，控制非农业建设占用农用地；②提高土地利用率；③统筹安排各类、各区域用地；④保护和改善生态环境，保障土地的可持续利用；⑤占用耕地与开发复垦相平衡。

除此之外，各区域还可以根据实际情况，增加有针对性的编制原则。

3. 规划程序

在实习调研或者相关部门走访过程中，尽可能收获更多的相关规划资料。在保护耕地的指导性原则基础上，了解当地的政策发展导向、耕地和基本农田保护指标，在 ArcGIS 软件支持下，在现状图基础上，进行土地利用规划图纸和专项规划图纸、建设用地空间管制图纸等的绘制。

4. 土地利用规划的编制内容

(1)规划总则。包括规划指导思想、原则、依据、期限及范围等。

(2)规划目标与控制指标。包括乡镇、街道发展总体目标和土地利用控制指标等。

(3)土地利用结构调整。

(4)主要用地布局规划。包括生态保护用地规划、耕地和基本农田保护规划、城镇用地规划、农村居民点用地规划、基础设施用地规划等。

(5)主要专项规划。包括节约集约用地规划、土地整治规划等。

(6)土地利用空间优化。包括划分土地用途区、建设用地空间管制区，以及制定空间管制规则等。

(7)规划实施与管理措施。

(8)附则。

5. 规划图绘制要求

(1)区域土地利用规划图应以现状图为工作底图进行绘制，保留土地利用现状要素。

(2)图件应标明以下内容：土地用途分区范围界线、建设用地近期建设用地范围界线；重点建设项目用地位置和范围及土地整理、复垦、开发项目范围等。

第四节　区域生态环境规划实习

区域生态环境规划实习，应突出城市和乡村两类人居环境下的生态环境特征，包括区域自然环境特征、生态环境特征等方面，将乡村、城市作为一个整体进行思考，探讨区域资源环境可持续利用与生态环境良性健康发展之间的耦合关系。

一、实习区概况

区域生态环境规划的编制过程，是为适应区域社会经济发展而对环境污染控制、环境综合整治以及人类的生产、消费、决策和管理作出时间和空间上的科学安排和规定，是一个正确认识社会、经济、环境相互关系、发展变化的过程，因此，是一个科学决策的过程。对于本科生而言，难以做到全市域(县域)范围内所有区域均开展生态环境调研与规划编制。在本科生实习中，一般以某个村庄、工业区或者小城镇镇域范围为实习靶区。

(一)城市区域介绍

本实习的城市区域选择编者所在学校的地理区域——浙江省杭州市临安区锦北街道。锦北街道位于临安区主城区，处于青山湖畔，区域面积 81.54km^2，辖有 12 个行政村、3 个居委会、4 个社区，全街道户籍总户数 12 772 户，户籍总人口 36 167 人，其中，农业人口 22 684 人，非农人口 13 483 人。有常住外来人口 23 425 人(不包括浙江农林大学学生)。锦北具有独一无二的承东启西、连南贯北的战略地位。图 10-16 为锦北街道区位图。锦北最大的优势是环境资源。围绕“一湖两优三景区”，着力打造美丽锦北。“一湖”指青山湖，坚持把青山湖作为城市建设的核心，抢抓杭州城西科创大走廊和环湖新城建设的机遇，努力将其打造成为“第二西湖”。“两优”指区位优势和土地优势，借助人口集聚、房产集聚、院校集聚的区位优势，充分利用生态保护压力小、耕地压力小以及增量大、存量大、拓展量大的土地优势。“三景区”指西径山、八百里、大朗山 3 个景区，以创建 3A 标准景区为目标，打响生态养生旅游品牌。

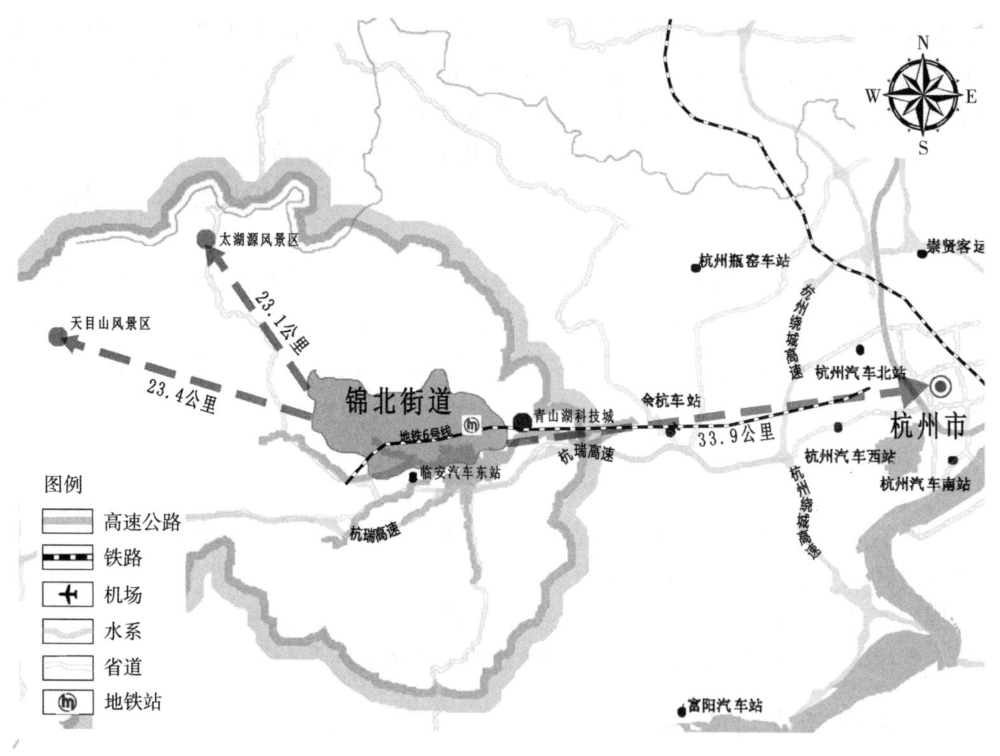

图 10-16　锦北街道区位示意图

锦北街道境内的水资源有苕溪、青山湖等，浙江省杭州市生态环境局临安分局位于临安区江桥路，区内环境监测站则位于生态环境局大楼内。环境监测站有：大气环境质量监测“浙江农大”站，空气清洁监测站点也位于浙江农林大学，均由环境监测站分管。噪声监测站点多位于主要路口，并进行实时动态监测，由交通部门分管。

(二)村庄区域介绍

本次实习的村庄是锦北街道的横街村，横街村有耕地总面积 196 亩(其中：田 89 亩，地 107 亩)，人均耕地 1.2 亩，主要种植水稻、玉米等作物；拥有林地 1258.1 亩，其中经济林果地 824 亩，人均经济林果地 5.02 亩，主要种植泡核桃等经济林果；水面面积 50 亩；草地 200 亩；荒山荒地 200 亩，其他面积 690.9 亩(图 10-17)。特色产业是水果。全村总人口 1376 人，有妇女 725 名，占全村人口的 53%，妇女劳动力 467 名，占全村劳动力的

图 10-17　横街村谷歌影像图

57%。横街村结合临安市生态旅游旺势，着力做好休闲观光农业这篇文章，硬化田间道路，让游客走进田间自己采摘，在做好葡萄产品销售的同时，带动了旅游产业，大大提高了葡萄产业的经济附加值。如今，横街村已经成为了千亩葡萄基地村，横街的“天目山”葡萄不仅在临安，乃至在全省市场都小有名气，出现了供销两旺的态势。

经过美丽乡村规划与建设，村里生态环境和景观环境得到极大优化。村里的中心公园，是村民们良好的休闲和活动场所。

横街村是城郊结合部的村庄，有工业用地区域、村镇建设用地，农田、山林等，生态环境整治问题较为复杂，对城市建设影响也较大。学生在实习过程中，一定要注意区分此特殊情况，工业用地的生态环境指标应以城市指标限制为准，建设用地指标应以村镇建设用地指标限制为准。

二、实习目的

运用所学专业知识，探索如何在规划设计中协调社会、经济、生态环境三者之间的关系，加深对区域生态环境的了解和认识。

掌握生态环境规划编制的基本步骤、方法和内容。了解熟悉相关的技术规范要求。

培养学生对人居环境的综合分析能力和处理不同环境问题的能力。

三、实习任务与要求

1. 实习前期准备阶段

区域生态环境规划，一般受国家或地方政府委托，接受任务后，应组成编制工作组，成立规划编制领导小组，统一协调规划编制工作，组建编制组、技术协调组和重点项目科研组等，开展生态环境现状评价、环境预测、生态预测和对策研究等。仿照实际规划编制程序，我们在实习过程中，按照生态环境规划的内容，分为几个小组，分批进行调研与专项规划编制。

建议小组至少划分为以下几种类型：①总体协调组：负责各个专项总体协调与制作规划 PPT 等内容。②社会经济发展情况分析及预测组：负责调研区域社会经济发展情况，并依据统计学方法对区域 10 年内社会经济发展趋势进行预测。③生态环境各项指标分析及预测组：负责调研区域生态环境发展情况，并依据统计学方法对区域 10 年内生态环境发展趋势进行预测。④政策响应及模拟小组：对影响区域生态环境规划的各类发展政策、上位规划进行总体分析，对区域生态环境规划确定一个基本的指导性框架。

2. 生态环境调查与评价

信息收集与分析是生态环境规划前期必须进行的工作，而且在规划实施过程中也经常反馈信息，进行分析，并调整优化规划方案或采取应变措施，保证规划目标的实现。在信息收集的基础上，对区域生态环境状况进行评价，包括自然环境评价和社会经济评价等。通过生态环境信息收集、分析，环境状况调查与评价，找出当前区域存在的主要生态环境问题，为制定规划方案与对策措施提供依据。

生态环境调查资料收集包括以下几方面：土地资源数量、质量的时空分布（农田分布，特别是基本农保分布，山林分布情况等），地形地貌情况，社会经济发展概况（人口、经

济、产业、文化等），各类垃圾每日产生情况、处理情况、环境污染状况。此外，还需要获取影响区域内已经存在的制约本区域可持续发展的主要生态问题，如水土流失、沙漠化、石漠化、盐渍化、自然灾害、生物入侵和污染危害等，指出其类型、成因、空间分布、发生特点等。

资料收集可以采用从相关管理部门获取，实地访谈和问卷调查等方式。

3. 规划目标与指标体系

环境目标是为了改善、管理、保护区域环境而设定的，拟在该规划期限内力求达到的环境质量水平与环境状况。环境目标可分为战略目标、策略目标与规划目标。环境规划目标要用精炼而明确的文字概括阐明，在确定规划目标的基础上，制定指标体系。

4. 生态环境功能区划

环境功能区划是依据社会发展需要和不同区域在环境状况和服务功能上的差异对区域进行的合理划分。划分生态环境功能区主要依据以下原则：①环境功能与区域总体规划相衔接；②环境功能与自然地理区划相衔接；③充分考虑环境的开发利用潜力；④考虑区域未来发展；⑤尽量考虑行政区划的完整性；⑥考虑区域重要生态功能区，如水源保护地等。

5. 规划方案的优化

(1)规划方案设计原则：包括①满足目标要求；②提供资源利用效率；③遵守国家和地方相关政策法规等。

(2)规划方案设计过程：分析调查评价结果；分析预测结果；列出规划目标与指标；提出对策措施。

(3)规划方案优化。

(4)规划方案的决策。

6. 生态环境规划实习报告撰写内容

按照实习步骤撰写实习报告。

(1)城市区域的生态环境规划实习内容要求在实习报告中完成前面生态环境规划内容，并制作相应的表格和图纸。表格包括：各类环境现状数据、规划目标数据，以及其分区数据。图纸包括：生态环境功能分区图、水资源现状评价图等。

(2)村庄区域的生态环境规划实习内容要求：

①剖析生态环境存在问题，改进措施。②制定村庄生态主体功能区。③确定村庄污水处理站(或者小型污水处理厂)选址，雨污管道设计，垃圾收集点设置方案等。

第十一章　城市总体规划实习任务要求

第一节　区域与城市认知实习指南

认知实习一般选择具有代表性的典型区域或城市进行调研、观察和分析，剖析其发展变化、特色文化、特色产业、特色街区、存在的问题等。本实习选择苏州这个古今有鲜明特征的城市。

一、实习区概况

苏州*位于长江三角洲中部、江苏省东南部，地处东经119°55′~121°20′，北纬30°47′~32°02′，东傍上海，南接浙江，西抱太湖，北依长江，总面积8657.32km^2。全市地势低平，境内河流纵横，湖泊众多，太湖水面绝大部分在苏州境内，河流、湖泊、滩涂面积占全市土地面积的36.6%，是著名的江南水乡。

苏州属亚热带季风海洋性气候，2018年平均气温17.8℃，降水量1369.2mm，四季分明，气候温和，雨量充沛。土地肥沃，物产丰富，自然条件优越。主要种植水稻、麦子、油菜、林果等。低洼塘田较多，出产莲藕、芡实、茭白等水生作物。特产有鸭血糯、白蒜、柑橘、枇杷、板栗、梅子、桂花、碧螺春茶等。长江刀鱼、阳澄湖大闸蟹和太湖白鱼、银鱼、白虾等为著名水产品。

苏州城始建于公元前514年，距今已有2500多年历史。目前仍坐落在春秋时代的位置上，基本保持着“水陆并行、河街相邻”的双棋盘格局，以“小桥流水、粉墙黛瓦、史迹名园”为独特风貌，是全国首批24个历史文化名城之一，全市现有文物保护单位831处，其中，国家级59处，省级112处。

苏州是全国重点旅游城市。平江、山塘历史街区分别被评为“中国历史文化名街”和“中国最受欢迎的旅游历史文化名街”。现有保存完好的苏州园林60余座。拙政园、留园、网师园、环秀山庄、沧浪亭、狮子林、艺圃、耦园、退思园9座古典园林被联合国列入《世界文化遗产名录》。虎丘、盘门、灵岩山、天平山、虞山等都是著名的风景名胜。太湖绝大部分景点、景区分布在苏州境内。

二、实习目的

通过城市认知实践实习，使学生深刻认识城市自身的发育发展过程，以及城市与区域之间、城市各功能区之间、老城区与新城区之间的相互关系、各功能区的规划布局方案。发现城市发展及规划建设中存在的主要问题，并提出解决问题的思路和方案。积极培养学

---

* 资料来源：苏州市人民政府官网(http://www.suzhou.gov.cn)。

生的演绎归纳、综合分析、统筹兼顾与整合分析资料的能力。

根据有针对性的问题设计，使学生在文献资料收集、实地调研、小组汇报时按照设计的相关情境完成城市认知知识，激发学生学习的主动性。

同时，激发学生学习专业课的热情，为高年级的规划设计准备素材和思路。

结合实际应用，验证课堂教学所学得的理论与知识，加深和巩固对所学知识内容的理解。培养学生认真敬业、吃苦耐劳的工作作风和团结协作的精神。

三、实习任务与要求

1. 实习步骤

(1)查阅资料和文献：首先让学生通过查阅相关资料和文献，对实习区域有感性认识和正确的空间定位。同时老师提出要求，指出需要注意的问题。

(2)实地调研：实地调研第一站先到苏州规划展示馆，了解整个苏州的基本情况。

实地调研时学生白天以小组为单位实地调研收集、整理、分析相关资料，认知城市各功能区块。晚上以小组为单位，师生共同探讨每天的知识内容，以巩固加深。

(3)整理资料和撰写报告：回校后整理和修改相关资料，并撰写实习报告。

2. 实习报告撰写涉及的相关内容

实习报告主要包含以下主题内容：

①分析苏州市的区位特征，并与上海、杭州作比较，说明近代以来苏州城市地位变化的主要原因。

②指出苏州老城区范围，分析苏州古城区的特点以及老城如何保护与更新。

③与我国大多数城市不同，改革开放以来苏州老城区受改造破坏相对较少，说出至今苏州老城区保留的主要古迹，指明它们的区位，说明苏州老城区基本完全保留下来的积极意义。

④分析苏州工业园区的区位特征，并说明苏州工业园区选址于此的主要原因。

⑤分析苏州工业园区与老城区交通联系的主要方式及主要交通线分布。

⑥判断园区主要就业人员是否在园区居住，并分析其原因。

⑦苏州工业园区不只是个工业区，这种说法是否正确？请说明理由。

⑧说出苏州工业园区空间结构的主要特征，并分析这种空间结构的优势。

⑨若苏州工业园区分 3 个阶段开发，你认为应如何规划并说明理由。

⑩分析园林的区位特征。

⑪分析苏州园林的造园布局特点、建筑形式，植物景观的设计特点。

⑫体会中国古典园林中所蕴涵的浓浓的文人情思(园林文学)以及古建筑中的牌匾，对联中的诗文、书法对环境氛围的烘托、点睛的作用。

⑬每人选择一处，现场手绘山塘街有特色的房屋透视图。

⑭讨论商业步行街用地布局与旅游仿古步行街用地布局之间的异同点。

结合城乡规划专业特色，实习报告的表达形式可以多样化：可将文字、图片、图形、表格等充分结合起来，进行深入的探讨和分析。

第二节　城市总体规划编制实习指南

总体规划实习让学生真题真做或真题假做，具体案例的选取，一般选择小城镇级别的城市，要求城市的组成要素最好齐全，学生较容易认知这个城镇，调查资料的获取也比较方便，易于达到训练的效果(周国华等，2012)。本教学实习区域选取绍兴市上虞区崧厦镇。

一、实习区概况

1. 区位

崧厦镇地处虞北滨海平原，宁绍平原北部，位于杭州湾南岸，是虞北地区的中心城镇，素有“只乱天下，不乱崧厦”之美称。北连杭州湾新区，南接上虞城北新区，西邻上虞经济开发区，与百官街道、谢塘镇、盖北镇、沥海镇4个街道、乡镇相接壤。东毗谢塘镇，西接沥海镇，南距上虞区行政中心所在地——百官街道办事处仅10km(图11-1)。

崧厦镇在上虞区的位置　　上虞区在长三角的位置

图11-1　崧厦镇区位图

崧厦镇区位优势明显，是虞北地区的经济、文化、交通中心。

目前崧厦镇已经建设成为中国伞具的生产和销售中心、伞业信息的主要交流场所和伞具零配件的最大供应基地，占据全国伞业市场1/4的份额，有“中国伞具第一镇”之称。另外，木材市场、小商品市场、水产品市场等专业市场欣欣向荣，形成了工、农、商综合发展的经济新格局。

2. 自然概况

崧厦镇气候温和湿润，雨量充沛，四季分明，属亚热带季风气候区。年日照时数1963.2小时，年平均气温16.50℃，无霜期251天左右，年降水量1400mm左右。常年主导风向为南风。因地形复杂，光、温、水地域差异明显，灾害性天气较多，总趋势是洪涝多于干旱。

崧厦镇内地势平坦，平均海拔7.5m。上虞区地层属浙东南地层区，在四明山脉、会稽山脉两大山脉的延伸交汇处，位于江山-绍兴断裂带的两侧，构成2个不同属性的构造单元和地层分区，断裂带以东为浙东地区，以西为浙西北区，上虞境内以前者为主。在地

貌上属浙东南火山岩低山丘陵区。地基承载力一般为 7～9t/m²，地表土层由上至下可分为杂填土层、亚黏土层。

上虞境内矿藏有铁、锰、铜、铅锌、金银、叶蜡石、萤石、高岭土、石英、白云石、黄铁等，其中叶蜡石蕴藏量估计为 200×10^4t，已有 40 余年的开采历史。

崧厦镇境内土地肥沃，水资源丰富，河网水系众多，水利灌溉条件好，北部淡水养殖业资源丰富。主要有七六丘北塘河、七六丘中心河、直塘河、盖沥河、百沥河、百崧河（浙东饮水工程：上虞到慈溪饮水工程）等主要河道。其中百崧河和盖沥河为主要的通航河道。

3. 社会经济概况

（1）历史沿革：崧厦建镇历史悠久，最早可追溯至 1600 年以前的东晋时期。时任吴郡内史的袁山松兼辖崧厦，因抗流寇战死沙场，乃建袁公祠以纪之，并称其所筑之城为“嵩城”。后又改称嵩下市、嵩城市、嵩镇、嵩厦街。截至 1936 年，《中国古今地名大辞典》中记载为崧厦镇，一直沿用至今。

古老的崧厦，有着深厚的历史印记，崧厦历朝以来人才济济、名人辈出。崧厦既得越地文化之熏染，又有崧厦人独特禀赋，两者悄然合一，自是代有才人出。宋时俞氏三相；明时有俞廷玉与子通海、通源、通渊，皆为明之大将，建奇功、封都侯，又俞大猷为明抗倭名将；清时工商业家连仲愚兴水利、济乡邻，夏同善进士出身，升任尚书，号称“青天”；现代有教育家夏丏尊，地理学家屠思聪，革命志士严红珠、章辅；当代则有儿童文学作家金近，原中国奥委会主席何振梁。

（2）行政区划：崧厦镇区域面积 84.8km²，下辖 3 个社区，38 个行政村，全镇人口 13.8 万人，其中常住人口 10.7 万人，暂住人口 3.1 万人。

（3）社会经济情况：2017 年实现地区生产总值 119.1 亿元，增长 10.70%；完成工业总产值 333.1 亿元，增长 31.55%；实现自营出口 20.23 亿元，财政总收入 9.7 亿元。顺利通过“中国伞城”特色区域荣誉称号第四次复评，成功举办第一届伞业博览会并连续第 18 次参加广交会，品牌影响力不断凸显，全年实现伞业产值 109.3 亿元。产业质量着力提升，盘活闲置厂房 2.89×10^4m²、存量土地 61.44 亩，拆除企业违建 25.5×10^4m²，整治关闭退出工业小区 11 个，整治淘汰“低小散”问题突出企业（作坊）57 家。

（4）人文资源：崧厦镇历史悠久，有丰富的人文资源。镇内共有 214 个文化项目列入上虞市非物质文化遗产保护名录，其中 4 个被列入绍兴市非物质文化遗产保护名录。崧厦霉千张、蔡林乌金纸两个项目正在申报浙江省非物质文化遗产保护项目。

二、实习目的

通过调研上虞区崧厦镇，了解城市用地布局特征，分析城市产业布局，道路体系特征，人居环境特征等。通过实地考察和专项调查，使学生获得城市规划的感性认识，能够理论联系实际，进一步加深和巩固课堂所学知识。

能灵活运用 AutoCAD、PS、GIS 等相关软件，学会制作区位图、现状图、规划图等相关图纸。

了解城市总体规划编制的基本内容和基本程序，掌握城市总体规划的相关规范要求。

领会城市总体规划工作的综合性、实践性和团队协作的重要性。

三、实习任务与要求

1. 收集整理分析基础资料

通过网络、图书馆、公众号等收集相关资料，包括自然、人口、经济、交通、用地布局、建筑、环境等相关资料，通过遥感影像和地形图了解城市空间结构、地物状况等，实地调研时采取现场勘探、交流访谈、问卷调查等相关方法收集崧厦镇的基础资料，对收集来的资料进行整理分析，并汇编成册。

2. 方案的编制

根据资料，通过小组讨论，制订 2~3 个规划方案，并进行方案的比较与选择，同时与指导老师交流，确定最后的方案，对确定的方案进行修改和完善。

3. 成果汇编

(1)绘制图纸：根据 2011 版的《城市用地分类与规划建设用地标准》，用 AutoCAD、PS 等软件绘制(上虞区崧厦镇规划(2018—2030 年)的区位图、用地布局现状图、空间结构与功能分区图、道路交通规划图(横断面)、用地规划图、产业布局规划图、绿地系统规划图、环卫设施规划图、综合防灾规划图等。

图纸要求有图框、图名、风玫瑰、比例尺、指北针、图例、图签等基本要素，并符合制图规范要求。

(2)撰写规划文本与说明书：包括规划总则(背景、依据、原则、期限、范围等)、设计理念与城市性质、功能分区、人口规模、用地布局、道路交通规划、产业布局、公共设施与基础设施规划、绿地系统规划、生态环境保护环卫设施规划、综合防灾规划、技术经济指标、近期建设规划等相关内容。

文本与设计说明要求语言表达要准确、严谨、庄重、精炼、规范等。

(3)列出用地平衡表：包括面积、人均、比例 3 个方面的现状、规划指标。

备注：要求每个人的所有图纸都要上交 jpg 格式，并保存原 CAD 格式。

4. 成果汇报评审

采取模拟评审的方式，邀请 3~5 位相关专家(老师和学生)，以小组为单位，通过 PPT 和图纸展示等方式，进行总体规划编制的评审，并要求学生记录相关意见，以便后续进行修改。

第十二章　城市详细规划实习任务要求

第一节　控制性详细规划实习指南

一、实习区概况

规划区选择崧厦镇行政区划的重要地块之一，区块东起百崧路，西至长海公路，北至百沥河，南至浙东引水工程。总面积约为143.01hm²(图12-1)。

二、实习目的

培养调查分析、设计构思的基本技能，掌握控制性详细规划编制的内容和方法，熟悉控制性详细规划的相关技术规范。

掌握合理确定土地利用的方法，并对地块进行合理编码。掌握建筑密度、绿地率等规划指标的确定方法和相关要求。掌握城市设计引导的原则等。

结合实际，提高广大学生综合分析问题、解决问题的能力，使其毕业后能够尽快适应实际工作，具有十分重要的意义。

图12-1　规划红线图

三、实习任务与要求

1. 现状分析

根据所完成的崧厦镇总体规划，对所规划地块的区位、水系、居民点、道路、基础设施等进行现状分析，提出拆除和保留的项目等。

2. 方案的编制

通过小组讨论，制订2~3个规划方案，并进行方案的比选，同时与指导老师交流，确定最后的方案，对确定的方案进行修改完善。

3. 成果的编制

根据规范要求，控制性详细规划成果包括规划文本、图件和附件。图件由图纸和图则两部分组成，附件是指规划说明、基础资料和研究报告等。实习内容建议仅做主要文本撰写，以及必要的图件要求。

(1)文本：主要包括规划背景、规划总则、设计理念、发展目标与功能定位、用地性质控制和开发强度控制、道路交通规划、公共服务设施和市政设施规划、绿化景观规划、设计引导、区块划分及编码等内容。

(2)图纸：图纸主要包括现状分析图和规划图纸两大部分。图纸比例一般为1：2000～1：1000，分图图纸比例则可以为1：2000～1：500。用AutoCAD、PS等软件根据2011版的《城市用地分类与规划建设用地标准》绘制。

现状分析图包括：区位图、基地条件分析图、土地利用现状图、建筑高度现状图、建筑质量分析图等。

规划图纸包括：功能结构规划图、道路交通体系规划图、道路横断面规划图、土地利用规划图、道路竖向规划图、容积率控制图、公共设施规划图、绿地景观规划图、工程管线规划图、环卫环保规划图、城市设计导则图、防灾规划图、五线规划图、地块划分编号图、分图图则等。

(3)分图图则：分图图则是控制性详细规划的核心图件，包括对规划中强制性控制和引导性控制的明确表达，主要通过图、表、文3种形式表达对地块的控制(王颖等，2010)。

①图表达　风玫瑰、比例尺、区位、区块编号、地块编号、用地性质、红线、绿线、蓝线、道路坐标、标高、建筑后退红线、地块出入口方位、禁止机动车开口范围、公共设施、城市设计引导的概念性图示等。

②表表达　区块编号、地块编号、用地性质代码、用地面积、建筑面积、建筑限高、容积率、绿地率、建筑密度、机动车位、自行车车位、预测人口、预测居住户数、附建设施等。

③文字　对图和表无法准确表达的强制性内容进行补充完善，并对规划中的引导性内容予以文字性的说明。

控规的法定图件主要有：功能结构规划图、用地规划图、控制单元编号图、控制单元图则(以图表形式反映控制单元的各项强制性内容，以规划条文的形式明确规划控制要求。原则上一张图则表达一个控制单元的内容)等。

4. 成果汇报评审

采取模拟评审的方式，邀请3～5位相关专家(老师和学生)，以小组为单位，通过PPT和图纸展示等方式，进行控制性详细规划编制的评审，并要求学生记录相关意见，以便后续进行修改和完善。

第二节　居住街坊规划实习指南

一、实习地块

地块位于临安城北新区，东与18m宽农林大路、筑境小区相接，北临22m宽的武肃街，西至6m宽的醉花路，南接10m宽的苕溪北街与苕溪相望。规划用地总面积4hm^2。区块主导风向为东北东，西南风(图12-2)。(注：在实际地块上经过微缩变形后的设计地块)

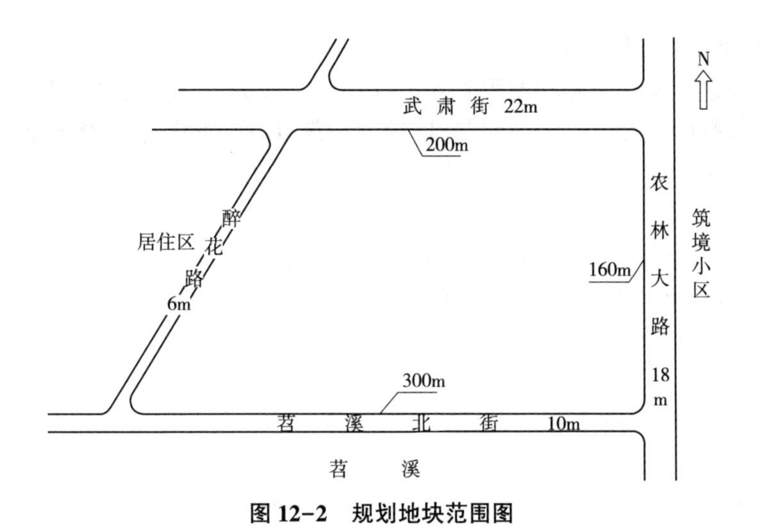

图 12-2　规划地块范围图

二、实习目的

居住街坊规划设计是学生在建筑设计、城市规划基础学习的基础上，从单体到群体、从建筑设计到规划设计的转变，是培养学生建立城市规划专业的思维方式和综合能力的重要环节。

通过本课程的实习与设计，使学生掌握居住街坊修建性详细规划设计的基本内容和方法，综合提高对建筑群体及外部空间环境的功能、造型、技术经济评价等方面的分析、设计构思及设计意图表达能力和专业素质；巩固和加深居住区规划理论知识的学习；掌握居住区规划的步骤、相关规范与技术要求；培养调查分析和综合思考问题的能力。

三、实习任务与要求

1. 基地分析

了解规划地段的环境特点，基础设施配备情况；分析街坊用地与周围地区的关系，交通联系及基地的现状。

2. 空间结构与用地功能组织

了解城市居民的户外活动行为规律，组织设计好居住区的各类用地，提出居住街坊的规划结构分析图(包括用地组织结构、道路交通结构、空间景观结构等)。

3. 道路交通设计

了解国内外居住区(组团)交通组织的原则与方法，掌握居住街坊交通组织的规划手法；分析并提出居住街坊内部居民的交通出行方式；进行道路系统布置及道路横段面的设计，停车场的布置等。

4. 估算相关技术经济指标

根据建设用地规模及有关定额标准初步确定居住街坊的人口规模、各项用地规模、建筑面积和各项指标。

5. 住宅的选型、设计与布局

根据规划要求和当地条件，设计或查找适宜的住宅单元类型；探索适用、合理、创新的住宅设计途径。

6. 配套与便民设施的设置

结合生活圈选择配套设施和便民服务设施项目并概算其用地面积与建筑面积(注意垃圾收集站点、公厕的设计等)。确定居住区配套设施建筑的内容、规模和布置方式等，表达其平面组合体形和空间场地的设计意图。

7. 绿化景观规划

因地制宜，结合景观设计规划居住街坊中心绿地、宅旁绿地等，如儿童游戏场地、成年人游憩场地等。主要绿化树种应与当地气候特征相适应。为居民提供更多更好的休闲活动空间。

8. 详细确定技术经济指标

9. 绘制图纸

所有设计图纸符合制图标准与规范。在每张图纸右下角作图签，写明学院、班级、学生姓名和成绩。

①规划构思分析图(比例不限)　明确地表达规划的基本构思、用地功能关系以及规划基地与周边的功能关系、交通关系等。

②居住街坊详细规划总平面图(1∶1000)　图中应标明：所有建筑和构筑物的户型外轮廓线或屋顶的平面图，建筑层数，建筑使用性质，道路(6m 及以上的道路画中心线，6m 以下不画)、停车位(地下车库和建筑低层架空部分应用虚线表现出其范围)，室外广场、铺地的基本形式等。绿化部分应区别乔木、灌木、草地和花卉等。

图纸上应标明以下主要经济技术指标：

基本指标：总用地面积(hm^2)、居住总人口(人)、停车位(辆、辆/百户)、住宅建筑总面积(m^2)、便民设施建筑总面积(m^2)、容积率、建筑密度(%)和绿地率(%)。并写 150 字左右的设计说明。

③规划分析图(比例不限)　道路交通分析图：应明确表现出各道路的等级，车行和步行活动的主要线路、停车场的位置、形式和规模。

绿化景观分析图：应明确表现出各类绿地的范围、绿地的功能结构和空间形态等。

④住宅单体选型图　主要类型住宅平面图，图中应注明各房间的功能和轴线尺寸和面积标准。

⑤整体鸟瞰图或局部透视图。

10. 撰写设计说明

设计说明包含：①规划范围；②设计依据；③设计理念；④设计原则；⑤交通规划设计；⑥住宅规划设计；⑦配套设施(便民设施)规划；⑧绿化景观规划；⑨消防规划；⑩技术经济指标等相关内容。

设计说明要求 2000 字以上，正文用仿宋体四号字，每级标题相应大一号字，为仿宋体，行间距为 25 磅，分两栏。

第三节　滨水公共空间实习指南

一、实习区概况

城市滨水区块是城市一种特殊的空间类型，实习过程中，一般要引导学生关注滨水区

块的景观配置、建筑空间群落搭配等内容，关注各种文化元素与水体景观的耦合性。本书选择著名的京杭大运河(杭州段)和临安区青山湖环湖绿道的滨水景观作为实习区，予以解释说明。

1. 京杭大运河(杭州段)

京杭大运河全长1794km，是世界上最长的一条人工运河，长度是苏伊士运河的16倍，巴拿马运河的33倍，纵贯南北，是我国重要的一条南北水上干线。北起北京，南至杭州，经过北京、天津、河北、山东、江苏、浙江六省市，沟通了海河、黄河、淮河、长江、钱塘江五大水系(图12-3)。

京杭大运河杭州段具有“河、汊、弯、洲、港、汇”丰富的水系空间形态，作为与历史名城杭州唇齿相依的母亲河，串联了大量的历史资源、文化资源和自然资源，是典型的滨水空间。

实习区域选自杭州段的部分地段，以下二选一：

①香积寺码头至拱宸桥西码头(乘船)。沿水路游览大关桥、小河直街、青莎公园、桥西直街以及京杭大运河南端标志、有“江南第一古桥”美誉的拱宸桥，深切感受大运河千年遗韵。

②从运河北星桥到京江桥，两岸共计20.42km。步行其中的部分区域。

图12-3　运河实景照片

2. 青山湖环湖绿道

临安青山湖环湖绿道项目全长43km，标准宽度4m，工程造价约10.6亿元。整个绿道既有围绕整个湖的大环形绿道，也有靠近滨湖区块的小环绿道，临湖率超过80%。整条绿道设3个主入口、16个观景平台，沿途打造12个景观节点、6段景观带、10个驿站，环湖四周还将营造“青山湖十八景”，既是一条环湖慢行系统，也是一条生态休闲绿色长廊。未来，绿道还将向东、向西分别与青山湖科技城和临安主城区对接。“春天有海棠、樱花、桃花，夏天有八仙花，秋天有木芙蓉、木槿花，冬天有梅花、山茶花……一年四季，花开不断。”青山湖绿道建设崇尚生态、简朴、节俭的建设理念。“尽可能少动土、少占湖，尽量不对原始风貌进行大改造。”正是秉持这样的建设理念，湖边废弃的抽水井、蓄水池被改建成栈桥和观景平台的基座；湖边废弃的民房拆除后，剩余的红砖被“艺术性”地裸砌成低矮围墙，合围成一个半圆形的观景平台；甚至连湖区打捞上来的老树根也成为驿站里的新景致(图12-4)。

图 12-4　青山湖环湖绿道全景图

图 12-5　青山湖环湖绿道骑行图

绿道沿线经过自行车文化主题公园、大草坪游憩公园、锦里水上游乐园、太阳岛度假公园(北岛凝香)、水上森林郊野公园等节点公园，一共 5 个重要节点，7 个一般节点，每个节点都既有自己不同的风格特色，又互相融合，如锦里水上游乐园，带你体验"闹"的乐趣，"水"的魅力；太阳岛度假公园，"依湖而宿，逐水而居"，让你天天像太阳一样有着灿烂的笑容；水上森林郊野公园，带您体验"树在水中长，船在林间行。鸟在枝上鸣，人在画中游"的意境，一路上接二连三地赏着公园美景，累了小憩一下，也是件惬意的事儿(图 12-5~图 12-9)。

实习区域：

青山湖绿道样板段，自西入口至大草坪(游船码头)，全长约 1.9km。绿道两侧种了 30 多种绿化彩化植物，沿途还修有格调各异的驿站、栈桥、观景平台、钓鱼台。未来，还要增设自行车租车点、登山道和游船码头……实现骑车、漫步、健身跑、登山、泛舟游湖的无缝接驳。

二、实习目的

了解与掌握滨水空间的处理方式，滨水区的功能，各种功能如何有机结合，培养创意创新设计。

了解掌握绿道的规划与设计。

三、实习任务与要求

(1)实地踏勘并分析滨水公共空间场地条件及现状利用情况。如观察分析运河历史、运河风俗等运河文化与运河旅游的结合情况，了解哪些地方可以体现历史文化，分析建筑

与水体、植物与水体的配合情况等。

(2)人的行为特征的分析：分析人在滨水公共空间有哪些活动，如观赏、运动休闲、亲水、戏水等。

(3)合理选择与组织滨水空间的功能，在注意功能混合与兼容的同时，尽可能地安排公共性较强的功能，如商业、主题公园、博物馆、展览馆等(周国华等，2012)。

(4)滨水公共空间慢行交通的调研与设计。

(5)建筑景观形态的调研与设计：如标志性建筑物，建筑色彩、建筑密度等基本情况。

(6)滨水岸线的调研与设计。

(7)重要景观节点的设计：选取青山湖绿道某节点进行景观规划设计。

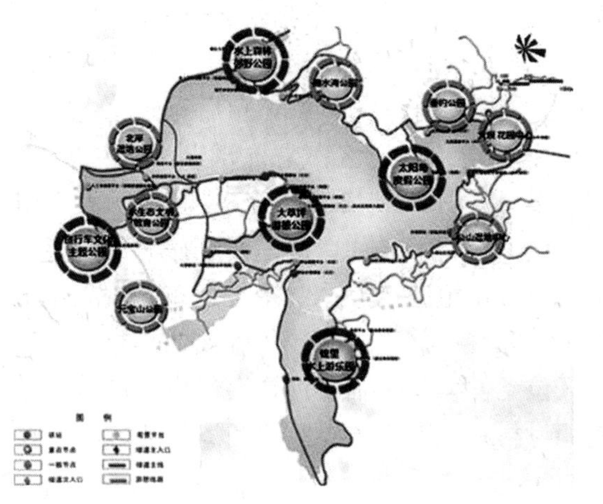

图 12-6　节点图

图 12-7　大草坪游憩公园图

图 12-8　北岸湿地公园图

图 12-9　利用废弃抽水井改建的观景台效果图*

* 本节图片资料引自浙江农林大学园林设计院。

第十三章　村庄规划实习任务要求

第一节　村庄规划实习指南

一、实习区概况

实习区域位于美丽乡村规划与建设的先行区——浙江省杭州市临安区(图 13-1)，原为临安市，于 2017 年撤市并区。临安地处中国经济发展最快、最具活力的长江三角洲南翼，东接杭州，西临黄山，市域面积 3126.8km^2，人口 57 万，有“长三角后花园”的美誉。临安区建成区位于杭州二环线内，驱车 20 分钟便可到达主城区，是杭州半小时交通圈、经济圈、旅游圈、文化圈的核心地带，距萧山国际机场 1 小时，距上海港等国际大港口 2 小时车程。杭徽高速公路作为“名城上海—名湖西湖—名山黄山”国际黄金旅游线的主干线，贯穿临安全境，杭州市文一西路延伸至临安段城市道路已经全线竣工通车；规划中的杭州地铁 5 号线延伸至临安主城区。这些区位优势和交通网络，赋予了临安共享杭州、上海等大都市同城效应的良好条件。这些优越的区位条件，使得临安区社会经济发展获得了前所未有的机遇，经济发展进入快车道，为美丽乡村建设奠定了丰厚的经济基础。

1. 地理位置

实习村庄河桥镇泥骆村位于浙江省临安区的西南部区域(图 13-2)，地处风景优美的泥骆山风景区，面积 19km^2。距临安 29km，距杭州市 80km，交通十分便利。泥骆村距离河桥镇镇驻地 1km 左右，联系较好，而河桥镇陆路处于“中国石花洞”旅游线上，可直达分水、桐庐、钱塘江，地理位置优越。

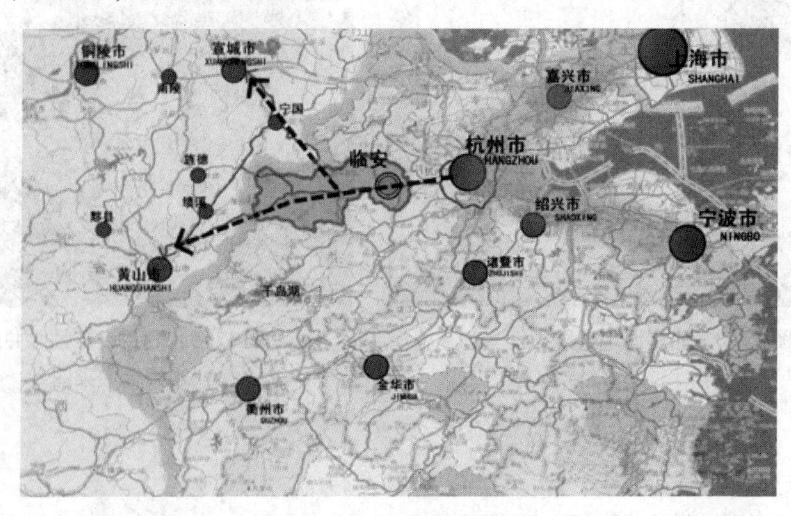

图 13-1　临安区位置图

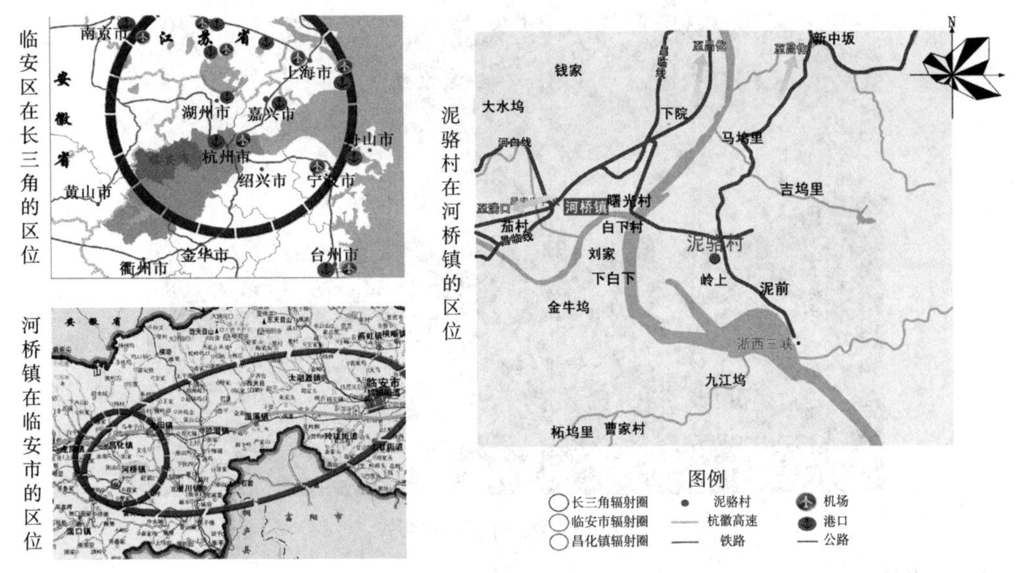

图 13-2 泥骆村区位图

2. 自然条件

河桥镇内主要由低山丘陵、河谷盆地组成，而泥骆村所在地主要也是以低山丘陵、河谷盆地为主，所以就形成了泥骆村地势低缓起伏，脉络不明显，坡积、洪积层较厚，水利条件好的特点。本次规划区范围内的地势大致是北高南低、东高西低，呈东北向西南倾斜。

在气候水文方面，由于泥骆村属亚热带季风气候，所以四季分明、气候温和、雨量充沛、光照适宜，年平均气温 15.8℃，最低冬季平均气温和最高夏季平均气温相差在 28℃左右，全年日照时数在 1800~2000 小时。年均降雨量为 1400mm 左右。泥骆村内主要的地表水体为柳溪江。河流水位的季节变化十分明显，梅雨期和台风期雨量多且集中，河流流量大，但由于地势坡度大，源短流急，河流水位往往暴涨暴落，7 月中旬至 8 月中旬，溪流水位很低。

由于河桥镇是临安内主要的产粮、产茧大乡，同时也是当地的重点林区。其中大宗产品为大米、茶叶、蚕茧，还有山核桃、白果、竹笋、西瓜等经济作物。而泥骆村正是集中了这些优势，村域内有大量良好的农田，同时区域内有大片的山林林区，植被良好，有较大面积的天然次生植被，其中，阔叶林植被最多，森林覆盖率比较大。

3. 社会经济

泥骆村全村共有 10 个村民小组，自然村落较分散，全村共有农户 372 户，总人口 1059人。全村总面积为 5835 亩，耕地面积 850 亩，是个山多、耕地少、森林资源相对较丰富的村庄(图 13-3)。

泥骆村的经济相对较好，主要依托当地资源，以木材、农林产品及其加工业为主，即以种桑养蚕和竹产业为主，是临安的产茧大村，已建成杭州市都市农业示范园区(泥骆桑蚕基地)，人均收入达到 1 万余元。柳溪江穿境而过，利用其良好的生态、风景资源，招商引资开发柳溪江的旅游资源，大力发展生态旅游，大幅度增加了农民收入。另外，风景区的开发带动了村庄基础设施的建设，使村庄的生态环境走上了良性循环发展的轨道。

图 13-3 泥骆村实景照片

4. 道路交通

泥骆村道路主要为主干道、次干道和弄堂小路。主干道宽度为 4~5.5m，为柏油路面；村内的次干道宽度 2~3m，弄堂小路路面宽 1.0~1.5m，为水泥路。村内的次干道和弄堂小路狭窄，交通相对不便利，不利于村民生活水平的提高。

5. 公共服务设施

泥骆村村委为三层砖混结构(原为小学)，位于村北侧，离中心村较远。村内具备村卫生室、大会堂等服务设施，其中大会堂年久失修。村中电、公路、有线电视、电话、自来水、污水和垃圾处理系统等基础设施较为完善。商业点分布较少，主要位于岭上。缺少停车场。全村共有电力配电室 3 个，在中心村和生态养生园区缺少电力配电室。

二、实习目的

通过乡村实习，了解和认知乡村，发现乡村存在的问题。

掌握村庄规划编制的基本内容、步骤、方法和成果要求，熟悉村镇规划的相关技术规范。

为乡村振兴培养乡村规划技术和建设人才。

三、实习任务与要求

1. 基础资料收集

(1)村庄规划资料的收集主要涵盖以下 3 个方面：

①基础资料　包括地理位置、地形地貌、水文地质条件、自然资源、植被状况、主要经济作物、历史文化、风景名胜、风俗习惯等。

②相关规划收集　土地利用总体规划图纸及说明书；乡镇总体规划图纸及说明书；旅游规划图纸及说明书；产业规划图纸及说明书；本村已编制完成的其他规划(包括建设规划、详细规划及其他专项规划)图纸及说明书等。

③相关政策收集　美丽乡村建设及相关资金支持政策；产业发展政策；基础配套设施

建设政策；风情小镇建设政策等。

(2)资料主要从以下部门获取：

用地现状和地形资料主要来源于地形图，现阶段地形图以测绘部门或者国土信息中心的数字地形图为主，比例尺为1∶1000或者1∶500。也可以用无人航拍方法获取该村的资源现状分布图、用地现状图。

资源现状资料，来自村政府、镇(乡)政府、农办、村镇办等部门，以及政府工作报告、统计年鉴(报告)等。

相关政策及规划资料，来自政府相关部门，如镇政府、农办、农业局、建设局、国土局、旅游局等。

2. 村域规划*

(1)资源环境价值评估：综合分析自然环境特色、聚落特征、街巷空间、传统建筑风貌、历史环境要素、非物质文化遗产等，从自然环境、民居建筑、景观元素等方面系统地进行村庄自然、文化资源价值的评估。

(2)发展目标与规模：提出近、远期村庄发展目标，明确村庄功能定位与发展策略，并进一步明确村庄人口规模与建设用地的规模。在与土地利用规划充分衔接的基础上，确定村庄建设用地的规模，并重点落实农民建房新增建设的用地。

(3)村域空间布局：以路网、水系、生态廊道等为框架，明确"生态、生产、生活"三生融合的村域空间发展格局，明确生态保护、产业发展、村庄建设的主要区域，明确生产性设施、道路交通和给水排水等基础设施、防灾减灾等设施的布局。

(4)产业发展规划：提出村庄产业发展的思路和策略，并进行业态与项目策划，统筹规划村域第一、第二、第三产业发展和空间布局，合理确定农业生产区、农副产品加工区、旅游发展区等产业集中区的布局和用地规模。

(5)空间管制规划：划定"禁建、限建、适建"三类空间区域和"绿线、蓝线、紫线、黄线"四类控制线，并明确相应的管控要求和措施。

3. 居民点(村庄建设用地)规划**

(1)村庄建设用地布局：对居民点用地进行用地适宜性评价，综合考虑各类影响因素确定建设用地范围，充分结合村民生产生活方式，明确各类建设用地界线与用地性质，并提出居民点集中建设方案与措施。

(2)旧村整治规划：划定旧村整治范围，明确新村与旧村的空间布局关系；梳理内部公共服务设施用地、村庄道路用地、公用工程设施用地、公共绿地以及村民活动场所等用地；评价建筑质量，重点明确居民点中的拆除、保留、新建、改造的建筑。提出旧村的建筑、公共空间场所等的特色引导内容。

(3)基础设施规划：合理安排道路交通、给水排水、电力电信、能源利用及节能改造、环境卫生等基础设施。

(4)公共服务设施规划：合理确定行政管理、教育、医疗、文体、商业等公共服务设施的规模与布局。

---

*、** 资料来源：《浙江省村庄规划编制导则》。

(5)村庄安全与防灾减灾：明确建立村庄综合防灾体系，划定洪涝、地质灾害等灾害易发区的范围，制定防洪防涝、地质灾害防治、消防等相应的防灾减灾措施。

(6)村庄历史文化保护：提出村庄历史文化和特色风貌的保护原则；提出村庄传统风貌、历史环境要素、传统建筑的保护与利用措施，并提出历史遗存保护名录，包括文物保护单位、历史建筑、传统风貌建筑、重要地下文物埋藏区、历史环境要素等；提出非物质文化遗产的保护和传承措施。

(7)景观风貌规划设计指引：结合村庄传统风貌特色，确定村庄整体景观风貌特征，明确村庄景观风貌设计引导要求。

(8)近期建设规划：确定近期重点建设项目和区域。对村庄近期实施项目所需的工程规模、投资额进行估算，对资金来源做出分析，列出主要技术经济指标：村庄用地计算表，总户数、总人口数，总建筑面积和住宅、公建等建筑面积，户均住宅建设面积标准等。

4. 成果要求

(1)规划文本：规划文本包括规划总则、村域规划、居民点规划及相关附表等。

(2)图纸：

①村域规划(地形图比例尺为1∶2000)　包括村域现状图、村域空间布局规划图、村庄产业发展规划、村域空间管制规划图等。

②居民点(村庄建设用地)规划(图纸比例为1∶2000~1∶500)　包括村庄用地现状图、村庄用地规划图、村庄总平面图、基础设施规划图、公共服务设施规划图、村庄防灾减灾规划图、村庄历史文化保护规划图、近期建设规划图等。景观风貌规划设计指引图、重点地段(节点)设计图及效果图等。

③所有图纸均应标明图纸要素，如图名、图例、图标、图签、比例尺、指北针、风向玫瑰图等。

(3)附件：附件是对规划文本、图纸的补充解释，包括规划说明、基础资料汇编等。

第二节　村庄旅游规划实习指南

一、实习区概况

泥骆村坚持科学发展，壮大生态经济；坚持以人为本，实行民主管理；坚持规划先行，建设整洁村庄；坚持民主法治，打造和谐村风。统筹人与自然、社会、经济的和谐发展，初步实现了“生产发展、生活宽裕、乡风文明、村容整洁、管理民主”的新农村建设目标。在中央、省、市加大新农村建设力度的政策下，泥骆村无疑是最大的受益者。2007年被列为新农村建设“整治村”，2008年被列为新农村建设“示范村”，2009年建成了标准化的农村社区服务中心。经过三年的跨越发展，2010年泥骆村创建临安市“绿色家园、富丽山村”精品村。明确村未来的发展思路：深化“古树”“古建筑”“桥”“溪流”“竹子”五大元素，打造生态、卫生、和谐的村容村貌，以家家户户开办农家乐，挖掘开发文化景点，形成适宜休闲旅游的生态度假村。泥骆村班子成员现有6人，分工明确、责任到人，团结做

好村内及上级政府交办的各项工作，群众反映较好。多年来，通过村级班子的共同努力和全体村民的积极参与、配合，各项工作取得了较好成绩，先后获得“杭州市园林绿化村”“杭州市卫生村”、临安市“清洁乡村”示范村、临安市“清洁庭院”示范村、“临安市文明村”、临安市“清洁乡村”明星村、“临安市园林绿化村”等荣誉称号。

二、实习目的

了解乡村旅游发展现状，提高旅游规划和分析能力。

掌握乡村旅游规划的基本原理和方法，掌握旅游规划的相关要素，学会策划旅游项目和线路的设计。加深对旅游资源、旅游客源市场等的认识与了解。

培养团队的合作和协作精神。

三、实习任务与要求

①深入调查和分析乡村旅游资源的类型、空间布局等，进行旅游资源的评价。

②不同级别的客源市场的分析。

③相关借鉴案例的分析。

④乡村旅游发展主题定位与宣传口号的制定。

⑤功能分区与旅游项目的策划。

⑥乡村旅游线路的设计。

⑦旅游基础设施的规划　包括道路规划、游客中心及服务设施规划、基础设施规划等。

⑧投资效益分析。

参考文献

曹恒德，2015. 城市详细规划设计课程指导[M]. 南京：东南大学出版社.
常燕燕，田园，2018. 城市滨水地区交通系统规划研究[J]. 山西建筑，44(15)：9-11.
陈芳等，2008. 新村建设规划及其特色研究[M]. 北京：知识产权出版社.
陈天，姜川，2014. 滨水区景观规划[M]. 南京：江苏科学技术出版社.
陈晓刚，汪豫成，2014. 城镇滨水驳岸景观生态修复模式研究[J]. 山西科技，29(6)：87-89.
陈有川，张军民，等，2010. 城市居住区规划设计规范图解[M]. 北京：机械工业出版社.
城市规划编制办法，2015. 中华人民共和国建设部令〔146 号〕.
城乡规划基本术语标准，2008. 城乡建设部建标标函〔106 号〕.
城市规划基本术语标准，1998. GB/T 50280—1998 中华人民共和国国家标准[S]. 北京：中国建筑工业出版社.
崔功豪，魏清泉，刘科伟，2006. 区域分析与规划[M]. 北京：高等教育出版社.
崔林丽，2005. 遥感影像解译特征的综合分析与评价[D]. 北京：中国科学院研究生院(遥感应用研究所).
董世永，闫博，徐煜辉，2010. 我国中小城市控制性详细规划编制办法探讨[J]. 规划师(增刊)：67-70.
段峰，皮璇，2016. 我国农村环境现状及保护措施[J]. 农民致富之友(16)：286.
风笑天，2012. 社会调查方法[M]. 北京：中国人民出版社.
冯璐，徐文辉，鲍承辉，2012. 京杭大运河杭州段滨水线性绿地景观规划设计浅析[J]. 湖北农业科学，51(13)：2771-2775.
高甲荣，等，2006. 生态环境建设规划[M]. 北京：中国林业出版社.
高甲荣，齐实，丁国栋，2006. 生态环境建设规划[M]. 北京：中国林业出版社.
高文利，2005. 中国村镇现代化建设与县域经济发展[J]. 建设科技(3)：26-27.
葛丹东，2010. 中国村庄规划的体系与模式：当今新农村建设的战略与技术[M]. 南京：东南大学出版社.
韩冠男，2010. 京郊新农村建设中的村庄绿化规划研究[D]. 北京：北京林业大学.
韩纬，王晓东，2007. 植被护坡设计概述[J]. 交通标准化(1)：113-116.
何斌、高焕文，1987. 画法几何与阴影透视[M]. 广州：华南工学院出版社.
何兆阳，2018. 对于我国城市道路多维分类体系的再思考—基于街道营造与交通方式转型背景的探讨[J]. 城市规划，42(3)：118-127.
胡新艳，徐莉莉，2012. 城市滨河绿地植物景观规划设计初探[J]. 现代园艺(16)：121.
华晨，张康建，葛丹东，2009. “四区五线”与区域空间管理[J]. 城市问题(11)：85-89.
黄艾，2010. 城市滨水区线形景观规划设计探讨[J]. 北方园艺(12)：128-131.
黄艾，2007. 城市滨水区线形景观规划设计研究——以宁波市甬江东岸为例[D]. 长沙：中南林业科技大学.
黄国洋，2009.《物权法》实施背景下基于权利界定的“控规五线”控制探讨[J]. 规划师，25(2)：15-18.
黄水生，2006. 画法几何与阴影透视的基本概念和解题指导[M]. 北京：中国建筑工业出版社.
纪亚微，2017. 城市滨水绿道的慢行交通空间景观设计研究[D]. 北京：北京交通大学.
李斌，范春，等，2015. 人文地理与城乡规划专业规划实习教程[M]. 成都：西南财经大学出版社.
李昊，周志菲，2013. 城市规划快题考试手册[M]. 武汉：华中科技大学出版社.
李和平，李浩，2004. 城市规划社会调查方法[M]. 北京：中国建筑工业出版社.

李清亚，2015. 城市滨河带状绿地景观规划设计研究[D]. 昆明：西南交通大学.
余祖圣，高静，2011. 浅析城市滨水区空间形态[J]. 中外建筑(9)：94-95.
李胜，张万荣，魏馨，2013. 园林驳岸设计原则与方法探讨[J]. 西北林学院学报，28(1)：230-234.
李晓宇，李保华，2018. 数据资源下城乡规划定性与定量分析的结合初探[J]. 河南建材(2)：22-25.
林坚，骆逸玲，楚建群，2018. 城镇开发边界实施管理思考——来自美国波特兰城市增长边界的启示[J]. 北京规划建设(2)：58-62.
林莉，2015. 浙江传统村落空间分布及类型特征分析[D]. 杭州：浙江大学.
刘高旺，2017. 绿色建筑设计理念在居住区设计中的应用[J]. 中国建材科技(2)：10-11.
刘海艳，王学勇，曹茂森，2001. 21世纪居住区规划新特点[J]. 山东农业大学学报(自然科学版)，32(1)：47-49.
刘敏，2011. 论园林设计理念在居住区规划设计中的运用[J]. 城市规划通讯(3)：15-16.
卢靖，蔡梦雪，张澳，等，2018. 城市住宅户型设计发展趋势[J]. 住宅与房地产(2)：8.
路明，2008. 我国农村环境污染现状与防治对策[J]. 农业环境与发展(3)：1-5.
栾春凤，2009. 城市滨河地区更新的城市设计策略研究[D]. 南京：南京林业大学.
栾越，李雪峰，2014. 园林景观设计中地被植物的运用[J]. 园林绿化(10)：986.
罗玮，2017. 杭州市生态驳岸景观研究[D]. 杭州：浙江农林大学.
马安卫，陈淑烨，蔡峰，2011. 浅析河道护坡植物选择与河道养护关联性[J]. 人民长江，42(4)：20-22.
潘秀雅，邸利，何达培，等，2016. 园林景观式生态护坡方案探讨[J]. 工程研究，8(1)：48-54.
裴玉屏，张辉，尹超，2008. 建筑效果图绘制的新方法[J]. 辽宁工业大学学报(社会科学版)，10(3)：73-74.
彭震伟，1998. 区域研究与区域规划[M]. 上海：同济大学出版社.
三道手绘考研快题设计培训中心编著. 2013. 规划快题设计方案：方法与评析[M]. 武汉：华中科技大学出版社.
上海同济城市规划设计研究院. 2010. 城市规划专业实习手册[M]. 北京：中国建筑工业出版社.
史花霞，2011. 城市滨河景观设计初探[J]. 济源职业技术学院学报，10(2)：25-27.
孙志勇，2016. 城市滨海园林景观带规划设计研究——以烟台开发区滨海景观带为例[D]. 济南：山东建筑大学硕士学位论文.
孙志远，2016. 滨水驳岸景观生态修复及空间艺术设计策略[J]. 现代园艺(5)：87-88.
唐权，刘芳君，2011. 城市五线规划编制方案探索——以"贵州省六盘水市中心城区城市'五线'规划"为例[J]. 城市规划通讯(3)：15-16.
同济大学，天津大学，重庆大学，等，2011. 控制性详细规划[M]. 北京：中国建筑工业出版社.
王云，陈美玲，陈志端，2014. 低碳生态城市控制性详细规划的指标体系构建与分析[J]. 城市发展研究，21(1)：46-53.
王恩涌，2006. 人文地理学[M]. 北京：高等教育出版社.
王飞，2009. 北京新城控制性详细规划编制创新的基本思路[J]. 北京规划建设(S1)：26-29.
王红珠，2010. 浙江新农村经济热点聚焦：现状、问题、对策[M]. 北京：中国农业出版社.
王建国，杨俊宴，2017. 历史廊道地区总体城市设计的基本原理与方法探索[J]. 城市规划，41(8)：65-74.
王江萍，2004. 基于生态原则的城市滨水区景观规划[J]. 武汉大学学报，37(2)：179-181.
王笑梦，2009. 住区规划模式[M]. 北京：清华大学出版社.
王勇，2011. 城市总体规划设计课程指导[M]. 南京：东南大学出版社.
王玉丽，马震，2011. 应用ENVI软件目视解译TM影像土地利用分类[J]. 现代测绘，34(1)：11-13.
王玉璐，2017. 水土流失现状及综合防治分析[J]. 居舍(35)：174.

王中华，2007. 京杭运河江苏段河岸景观规划设计研究[D]. 保定：河北农业大学.
魏遐，徐萌，等，2012. 资源环境与城乡规划管理专业实习教程[M]. 杭州：浙江工商大学出版社.
吴家骅，1999. 景观形态学[M]. 北京：中国建筑工业出版社.
吴静雯，2007. 控制性详细规划指标体系的弹性控制研究[D]. 天津：天津大学.
吴志强，李德华，2010. 城市规划原理[M]. 4版. 北京：中国建筑工业出版社.
相伟，樊杰，2006. 新时期区域综合规划中的"协调"问题初探——基于京津冀都市圈区域综合规划的思考[J]. 土木建筑与环境工程，28(6)：1.
肖晓苗，2017. 绿色生态型住宅小区规划设计研究[J]. 住宅与房地产(5)：206.
徐权，2008. 区域综合规划执行力问题研究[D]. 上海：同济大学：1-97.
薛晓娜，李一翔，2014. 城市滨河带状空间景观规划与设计[J]. 城市建设理论研究(9)：65-69.
颜晓雯，张书鸿，2017. 城市滨水区驳岸空间竖向处理方法研究[J]. 住宅与房地产(4)：257.
杨忍，刘彦随，龙花楼，等，2016. 中国村庄空间分布特征及空间优化重组解析[J]. 地理科学，36(2)：170-179.
杨旭东，杨春，孟志兴，2016. 我国草原生态保护现状、存在问题及建议[J]. 草业科学，10(9)：1901-1909.
杨亚梅，杨启程，2013. 滨河河岸园林景观设计[J]. 现代园艺(2)：95-96.
姚瑶，2010. 城市滨河绿地植物景观规划设计初探[D]. 北京：北京林业大学.
姚吟宵，2012. 试论江南园林设计理念对现代居住区景观的影响[D]. 杭州：浙江大学.
叶菁，2007. 空间特征在高分辨率遥感影像土地利用分类中的应用[D]. 武汉：中国地质大学.
尹新科，2017. 建设"美丽乡村"背景下的农民生存状况研究[D]. 济南：山东大学.
于习法，易素君，孙霞，等，2008. 两点透视图的一种画法和透视图尺设计的研究[J]. 工程图学学报(5)：121-124.
曾茂薇，2004. 城市滨水区景观规划设计研究[D]. 北京：中央美术学院.
张环宙，沈旭炜，高静，2011. 城市滨水区带状休闲空间结构特征及其实证研究——以大运河杭州主城段为例[J]. 地理研究，30(10)：1891-1900.
张建，赵之枫，郭玉梅，等，2010. 新农村建设村庄规划设计[M]. 北京：中国建筑工业出版社.
张俊杰，蔡克光，蔡云楠，2016. 全域风景化视角下都市村庄空间布局探讨——以广州村庄规划为例[J]. 城市发展研究，23(5)：56-60.
张磊，余艳，2012. 城市滨水特色区块规划思路和策略探索[J]. 规划师，28(S2)：125-128.
张立，吕太锋，2007. 透视图的实用画法[J]. 艺术与设计(12)：117-118.
张若薇，2012. 浅谈农村给排水系统现状及设计[J]. 城市建设理论研究(电子版)(12)：1.
张优，2016. 试论居住小区的智能化设计与研究[J]. 智能建筑与智慧城市(8)：83-84.
张远群，王文宁，王瑛，等，2003. 园林建筑的透视表现[J]. 陕西林业科技(4)：72-73.
赵虎，王兴平，2008. 基于城乡统筹理念的村镇规划改进措施探讨——以江苏省为例[J]. 规划师(10)：10-13.
赵虎，郑敏，戎一翎，2011. 村镇规划发展的阶段、趋势及反思[J]. 现代城市研究(5)：47-50.
赵万民，赵民，毛其智，等，2010. 关于"城乡规划学"作为一级学科建设的学术思考[J]. 城市规划，34(6)：46-54.
赵祥，2018-12-14. 建立健全城乡融合发展的体制机制[N]. 深圳特区报. 理论周刊(B09).
浙江省住房和城乡建设厅，2010. 浙江省控制性详细规划图集编制导则[S].
甄茂成，党安荣，许剑，2019. 大数据在城市规划中的应用研究综述[J]. 地理信息世界，26(1)：6-12，24.
钟虹滨，2009. 哥本哈根滨水景观规划理念[J]. 国际城市规划，24(1)：68-71.

周国华，周宏伟，2012. 资源环境与城乡规划管理专业本科实践教学教程[M]. 长沙：湖南师范大学出版社.
朱家瑾，2007. 居住区规划设计[M]. 2版. 北京：中国建筑工业出版社.
朱旺生，2011. 城市绿地系统树种规划研究[D]. 南京：南京林业大学.
住房和城乡建设部人事司，2010. 增设“城乡规划学”为一级学科的论证报告[R].
卓美行，2012. 基于城乡一体化的乡村景观规划设计研究[D]. 哈尔滨：东北农业大学.

后　记

本教材是在浙江农林大学校级教改课题“城乡规划综合实习教材编写”和国家自然科学基金“城市多中心开发对碳源碳汇的影响机制与政策响应(41871216)”的资助下完成的。编写的目的是为城乡规划相关专业的系列规划类实习提供系统性的教学参考。实习区仅为建议，本书编写的目的更多的是阐述各类实习关注的重点内容以及实习方法等。

感谢刘博、庞恩奇、郑建华、徐慧锋、张琦、顾张锋、朱笑颜、王智等研究生进行资料收集和文字校正、图纸绘制等工作。

感谢课题合作单位、杭州市临安区河桥镇泥骆村村委、绍兴市上虞区区委等单位提供实习区的相关资料。

本实习教材的撰写可能存在许多不足之处，希望大家不吝赐教，多提宝贵意见。

编著组

2019 年 12 月